建筑工人职业技能培训系列教材

木工
（初级工 中级工）
（修订本）

主编 祁振悦
副主编 荆永平
参编 石海霞 史嘉伦
主审 张志明

中国环境出版集团·北京

图书在版编目（CIP）数据

木工：初级工 中级工/祁振悦主编．—修订本．
—北京：中国环境出版集团，2019.7（2021.11 重印）
建筑工人职业技能培训系列教材
ISBN 978-7-5111-3736-4

Ⅰ．①木… Ⅱ．①祁… Ⅲ．①建筑工程—木工—技术
培训—教材 Ⅳ．①TU759.1

中国版本图书馆 CIP 数据核字（2018）第 161592 号

出 版 人 武德凯
策划编辑 陶克菲
责任编辑 张于嫣
责任校对 任 丽
封面设计 彭 杉

出版发行 中国环境出版集团
（100062 北京市东城区广渠门内大街 16 号）
网　　址：http：//www.cesp.com.cn
电子邮箱：bjgl@cesp.com.cn
联系电话：010-67112765（编辑管理部）
　　　　　010-67112739（第三分社）
发行热线：010-67125803，010-67113405（传真）
印　　刷 北京市联华印刷厂
经　　销 各地新华书店
版　　次 2019 年 7 月第 1 版
印　　次 2021 年 11 月第 5 次印刷
开　　本 850×1168 1/32
印　　张 4.25
字　　数 110 千字
定　　价 11.50 元

建筑工人职业技能培训系列教材

编审委员会

建筑工人职业技能培训系列教材

出版说明

为推动我省工人职业培训和职业技能鉴定工作的开展，不断提高建筑工人的素质和技能水平，切实完成住房和城乡建设部——“到 2016 年底，一级资质及以上的建筑施工企业实现自有工人全员培训、持证上岗。到 2020 年，实现全行业建筑工人全员培训，持证上岗”的总体目标，为我省建筑业的做大做强奠定基础。河南省建设教育协会、河南省建设劳动管理协会牵头成立了“建筑工人职业技能培训教材编写委员会”，抽调省内部分建设类专业院校的专家、教授参与教材编写，并组织了全省建筑施工企业的高级技师参与教材大纲的讨论，落实编写任务。在编写委员会和各位参编专家的共同努力下，该系列教材如期顺利完成。

全套教材共 19 本，涵盖 9 个工种：模板工、混凝土工、木工、防水工、抹灰工、油漆工、管道工、钢筋工和砌筑工，并编写了《建筑工程基础知识》作为通用教材，每个工种分为初级工、中级工一本，高级工、技师一本。教材以中华人民共和国颁布的最新职业技能标准和法律法规为依据，突出了“以职业活动为导向，以职业能力为核心”的指导思想，紧扣建筑行业对各工种技能的要求，注重建筑工人基本技能的培养和对质量标准的掌握。书中运用了大量工程图例，图文并茂，易于掌握。力求理论与实践相结合，具有较强的实用性。

本系列培训教材是建筑工人岗位职业技能鉴定考试培训用书，也可作为相关从业人员的自学辅导用书或建设类专业职业院校学生的学习参考用书。

本系列培训教材的编撰者为建设行业相关院校的教师、建筑施工企业及技能鉴定站的行业专家，在此一并表示感谢！

由于成书时间仓促，不足之处难免，欢迎读者提出宝贵意见。

河南省建筑工人职业技能培训系列教材编审委员会
2015年9月

前 言

为适应建筑行业从业人员职业技能发展需要，培养高技能、高素质的专业技能员工队伍，推进相关职业（工种）的国家职业标准和岗位要求的贯彻落实，特编写本教材。

木工职业培训教材的内容，既包含了木工的机具、材料与构造，也包括了各分项工程的施工工艺和质量验收；既注重对基本理论的讲解，又强调与工程实践的紧密结合。重点突出针对性、实用性，注重技能操作并力求图文并茂，通俗易懂。

（1）内容基础，适合短期培训。教材中主要讲述木工职业（工种）相关的必备知识和技能，适合短期培训，能在较短的时间内，让学员熟悉本职业（工种）的基本工作，掌握基本的操作技能。

（2）注重实用，以岗位所需知识和能力为主线，保证教材内容的完整和实用。内容以培养实际操作技能为主，针对读者的实际特点，尽量避免复杂的理论知识，从而提高本教材的实用性。

（3）层次清晰，语言通俗，图文并茂，易于掌握。本教材通过图文相结合的方式，按照国家规范，逐步介绍操作步骤，层次清晰，语言通俗，便于学员理解和掌握。

本教材由河南省焦作市职业技术学校祁振悦任主编，河南省焦作市职业技术学校荆永平任副主编。祁振悦编写第 1 章、第 5 章，荆永平编写第 2 章、第 8 章，河南省焦作市职业技术学校石海霞编写第 3 章、第 6 章，河南省焦作市职业技术学校史嘉伦编写第 4 章、第 7 章。编写过程中，本教材得到了河南省第一建筑工程集团有限公司张志明的认真审核，并参考了许多专家、学者的研究成果，同时注意吸收相关建筑领域的最新前沿动态，这些珍贵的资料一并作为参考文献附于教材后，在此，我们全体编者对这些专家和学者的指导和帮助致以衷心的感谢。

由于编者水平所限，教材中难免有不足和疏漏，敬请广大读者批评指正。

编者

2015 年 8 月

目录
contents

第1章 木工材料

1.1 常用木材

1.1.1 木材的种类和用途

1. 木材的种类

木材按树种可分为针叶树材和阔叶树材两大类。针叶树纹理顺直，树干高大，木质较软，适合作为结构用材；阔叶树树干较短，材质坚硬，纹理美观，适于装饰木材选用。建筑工程用木材，通常以三种材型供货，即

（1）原木：伐倒后经修枝并截成一定长度的木材。

（2）板材：经加工锯解成材的木料。宽度为厚度的3倍或3倍以上的型材。

（3）方材：经加工锯解成材的木料。宽度不及厚度3倍的型材。

2. 木材的用途

常用木材的种类、特点与用途见表1-1。

表1-1 木材的种类、特点与用途

类别	名称	特点	用途
针叶树	红松	干燥、加热性能良好，风吹日晒不易龟裂、变形，松脂多、耐腐朽	门窗、地板、屋架、檩条、搁栅、木墙裙

续表

类别	名称	特点	用途
针叶树	鱼鳞云杉	易干燥、富弹性、加工性能好、弯挠性能极好	屋架、檩条、搁栅、门窗、屋面板、模板、家具
	马尾松	多松脂、干燥时有翘裂倾向、不耐磨	小屋架、模板、屋面板
	落叶松	难于干燥、易开裂及变形、加工性能不好、耐腐朽	搁栅，小跨度屋架、支撑、木桩、屋面板
	杉木	干燥性能好、韧性强、易加工、较耐久	门窗、屋架、地板、搁栅、檩条、椽条、屋面板、模板
	柏木	易加工、切削面光滑、干燥易开裂、耐久性强	门窗、胶合板、屋面板、模板
阔树叶	水曲柳	具有弹性、韧性、耐磨、耐湿等特点，但干燥较困难，易翘曲	家具、地板、胶合板及屋内装修、高级门窗
	色木槭	力学强度高、弹性大，干燥慢、常开裂、耐磨性好	地板、胶合板、家具、室内木装修
	柞木	干燥困难、易开裂翘曲，耐水、耐磨性强、加工困难	地板、家具、高级门窗
	麻栎	力学强度高、耐磨、加工困难、不易干燥、易径裂、扭曲	地板、家具
	柚木	耐磨损、耐久性强、干燥收缩率小、不易变形	家具、地板、高级木装饰
	桦木	力学强度高、富弹性、干燥过程中易开裂翘曲、加工性能好，不耐腐	胶合板、家具、室内木装修、地板

1.1.2 木材的性能

1. 木材的物理性能

（1）密度：木材密度是木材性质的一项重要指标，根据它估计木材的实际重量，推断木材的工艺性质和木材的干缩、膨胀、硬度、强度等木材物理力学性质。木材的表观密度平均约为 $500kg/m^3$，通常以含水率为 15％（标准含水率）时的密度为准。

（2）木材含水率：木材含水率指木材中水重占烘干木材重的百分数。一般新伐木材含水率高达 35％以上，经风干后为 15％～25％，室内干燥后为 8％～15％。

木材在大气中能吸收或蒸发水分，与周围空气的相对湿度和温度相适应而达到恒定的含水率，称为平衡含水率。木材平衡含水率随地区、季节及气候等因素而变化，南方雨季为 18％～20％，北方干燥季节为 8％～12％。为减少湿胀干缩变形，可预先将木材干燥到平衡含水率。

2. 木材的力学性能

木材有很好的力学性质，但木材是有机各向异性材料，顺纹方向与横纹方向的力学性质有很大差别。木材的顺纹抗拉和抗压强度均较高，但横纹抗拉和抗压强度较低。木材强度还因树种而异，并受木材缺陷、荷载作用时间、含水率及温度等因素的影响，其中以木材缺陷及荷载作用时间两者的影响最大。

1.1.3　木材的缺陷

（1）天然缺陷。如木节、斜纹理以及因生长应力或自然损伤而形成的缺陷。木节是树木生长时被包在木质部中的树枝部分。原木的斜纹理常称为扭纹，对锯材则称为斜纹。

（2）生物为害的缺陷。主要有腐朽、变色和虫蛀等。

（3）干燥及机械加工引起的缺陷。如干裂、翘曲、锯口伤等。

（4）干燥的木材极易着火。

为了合理使用木材，通常按不同用途的要求，限制木材允许缺陷的种类、大小和数量，将木材划分等级使用。腐朽和虫蛀的木材不允许用于结构，因此影响结构强度的缺陷主要是木节、斜纹和裂纹。

1.1.4 木材的干燥

1. 木材的干燥方法

木材经过良好的干燥，可以提高木材的强度，防止变形、开裂和腐朽并可提高加工的精度。木材的干燥方法有天然干燥法和人工干燥法两种。

(1) 天然干燥法：天然干燥法又称自然干燥法或气干法。这种方法不需要什么设备，只要将木材合理地堆放在阳光充足和空气流通的地方，经过一定时间就可以使木材得到干燥，达到一般工程用料的要求。它是目前采取的主要干燥方法。

天然干燥法有水平堆积、交叉堆积、搭接堆积、三角形堆积、纵横交替堆积、井字形堆积等多种方式。大规格的木料常采用水平堆积方式。在一个材堆内一般堆置一种树种和一种厚度的板材，每层木板之间用隔条或木板隔开，以减少开裂。在同一层木板之间留有一定间隙，间隙应均匀地向材堆中心加大，材堆中间间隙一般是边缘间隙的 3 倍。木材堆好后，为防雨淋，要在顶部加顶盖，顶盖需具有一定的倾斜度，顶盖向材堆前部伸出 75cm，向两侧和后部伸出 25cm，顶盖需用板材扎成，并与材堆固定。

(2) 人工干燥法：人工干燥法是将木材置于干燥室内，人为控制室内的温度、湿度和空气流动的速度，利用气体介质的对流传热，使木材中的水分蒸发达到干燥。

1) 浸水法。将木材浸入水中 2～4 个月，使木材中树脂充分溶去，然后进行风干或烘干。这种方法能使较少木材变形，是最常用的方法。

2) 水煮法。将木材浸放在加热的水槽中煮沸，然后取出装入干燥窑内进行风干或取出后采用阴干法干燥。这种方法适用于难干的硬阔叶木材。

3) 烟熏法。又称坑干燥法，即利用坑内锯末燃烧产生热量来烘干木材。这种方法能增强木材的耐久性，对木材有杀菌作用，但会损失木材的弹性和光泽有所失去。

4）蒸汽法。用加热散热器，通过空气循环把热量带给木材，使木材干燥。

5）红外线法。利用红外线辐射热量进行木材干燥。

2. 干燥缺陷

在生产上若采用了不正确的干燥工艺，干燥的木材会产生各种缺陷：①开裂。防治方法是调整干燥基准，减缓水分蒸发速度。②弯曲。防治方法是正确使用隔条堆装木材，并在材堆顶部放置重物。③翘曲。采用适当状态的饱和蒸汽处理，可使翘曲程度有所减轻。④皱缩。采用软基准干燥，适当降低干燥温度。

1.2 常用人造板材

1.2.1 胶合板

胶合板是将原木旋切成的薄片，用胶黏合热压而成的人造板材，其中薄片的叠合必须按照奇数层数进行，而且保持各层纤维互相垂直，胶合板最高层数可达 15 层。

胶合板大大提高了木材的利用率，其主要特点是：材质均匀，强度高，无疵病，幅面大，使用方便，板面具有真实、立体和天然的美感，可广泛用作建筑物室内隔墙板、护壁板、顶棚板、门面板以及各种家具及装修。在建筑工程中，常用的是三合板和五合板。我国胶合板目前主要采用水曲柳、椴木、桦木、马尾松及部分进口原料制成。

1.2.2 纤维板

纤维板是将木材加工下来的板皮、刨花、树枝等边角废料，经破碎、浸泡、研磨成木浆，再加入一定的胶料，经热压成型、干燥处理而成的人造板材，分为硬质纤维板、半硬质纤维板和软质纤维板三种。纤维板的特点是材质构造均匀，各向同性，强度一致，抗弯强度高（可达 55MPa），耐磨，绝热性好，不易胀缩和翘曲变形，不腐朽，无木节、虫眼等缺陷。生产纤维板可使木材的利用率达 90%以上。

1.2.3 刨花板、木丝板、木屑板

刨花板、木丝板、木屑板是分别以刨花木渣、边角料刨制的木丝、木屑等为原料，经干燥后拌入胶黏剂，再经热压成型而制成的人造板材。所用黏结剂为合成树脂，也可以用水泥、菱苦土等无机的胶黏材料。这类板材一般表观密度较小，强度较低，主要用作绝热和吸声材料，但其中热压树脂刨花板和木屑板，其表面可粘贴塑料贴面或胶合板作饰面层，这样既增加了板材的强度，又使板材具有装饰性，可用作吊顶、隔墙、家具等材料。

1.2.4 复合板

复合板主要有复合地板和复合木板两种。

(1) 复合地板是一种多层叠压木地板，板材 80%为木质。这种地板通常是由面层、芯板和底层三部分组成，其中面层又是由经特别加工处理的木纹纸与透明的蜜胺树脂经高温、高压压合而成；芯板是用木纤维、木屑或其他木质粒状材料等，与有机物混合经加压而成的高密度板材；底层为用聚合物叠压的纸质层。复合地板规格一般为 1200mm×200mm 的条板，板厚 8mm 左右，其表面光滑美观，坚实耐磨，不变形、不干裂、不沾污及褪色，不需打蜡，耐久性较好，且易清洁，铺设方便。复合地板适用于客厅、起居室、卧室等地面铺装。

(2) 复合木板又叫木工板，它是由三层胶黏压合而成，其上、下面层为胶合板，芯板是由木材加工后剩下的短小木料经加工制得木条，再用胶黏拼成的板材。复合木板一般厚为 20mm，长 2000mm，宽 1000mm，幅面大，表面平整，使用方便。复合木板可代替实木板应用，现在普遍用作建筑室内隔墙、隔断、橱柜等的装修。

1.3 常用胶黏剂

1.3.1 胶黏剂分类

胶黏剂又称黏合剂、黏结剂及黏着剂等。具有良好的黏合性能。胶黏剂的种类繁多，按主要成分不同分类，胶黏剂可分为有机类和无机类；按固化形式的不同可分为溶剂挥发型、化学反应型和热熔型三类；按胶黏剂的外观形态不同可分为溶液型、乳液（乳胶）型、高糊型、粉末型、薄膜型和固体型等；按黏合后的强度特性不同，胶黏剂可分为结构型、次结构型、非结构型三类。

1.3.2 常用胶黏剂

木工常用的胶黏剂有皮胶和骨胶等动物胶、白乳胶、酚醛树脂胶黏剂、脲醛树脂胶黏剂等。

（1）动物胶：动物胶受热熔化冷却后即凝固，对木材的附着力好，有较大的胶合强度。动物胶的缺点是不耐水，遇水胶层就会膨胀，失去强度，耐腐性差。

（2）白乳胶：白乳胶即聚醋酸乙烯胶黏剂，耐潮湿，较耐冷水，不耐热水。用于小板拼合，木装修黏结，以及碎木层压材，人造板材生产等。

（3）酚醛树脂胶黏剂：酚醛树脂胶的黏结强度、耐水、耐热、耐腐等性能好。用于经常受潮结构的黏结。

（4）脲醛树脂胶黏剂：脲醛树脂胶制造简单、方便、成本低廉、性能良好，呈无色透明黏稠液体或乳白色液体，具有不会污染木材胶合制品等优点。是人造板材生产的主要胶种。

第 2 章 木工常用机具

2.1 手工工具及操作

2.1.1 量具及使用

量具是木工在生产作业中用来量画部件尺寸、角度、弧度等的工具。常用的量具有卷尺、直尺、折尺、角度尺、水平尺等。

1. 钢卷尺

钢卷尺由薄钢片制成，卷装在钢制或塑料制成的圆盒内。用于下料和度量部件，携带方便，使用灵活。可选用 1m、2m、3m、5m 等规格。大钢卷尺的长度有 10m、15m、20m、30m、50m 等规格。

2. 钢直尺

钢直尺一般用不锈钢制作，精度高而且耐磨损。用于榫线、起线、槽线等方面的画线。常选用 150～500mm 的长度。

3. 折尺

折尺用材质较好的薄木片、塑料或薄钢片制成的能折叠的尺子，刻度同直尺，携带和使用方便。有四折尺、六折尺和八折尺等，四折尺长 50cm，六折尺和八折尺长 1m。木折尺用于长度测量及画线，使用时要将折尺紧贴被量物面展开拉直。

4. 角度尺

角度尺也称划线尺。木工常用的角度尺有直角尺、三角尺、活络尺等。以直角尺应用范围最广，如图 2-1（a）、（b）、（c）所示。

（1）直角尺：直角尺即角尺（或叫方尺），木工用角尺为 90°直角。角尺有木制、钢制、铝制等。角尺是木工画线的主要工具。

直角尺的用途：①用于在木料上画垂直线或平行线；②检查工件或制品表面是否平整；③用于检查或校验木料相邻两面是否垂直，是否成直角；④用于校验画线时的直角线是否垂直；⑤校验半成品或成品拼装后的方正情况。

（2）三角尺：三角尺有 45°和 60°两种。从材质上分为木制和钢制两种。木制三角尺轻巧灵便，但需经常检查。钢制品精准耐用，但较沉重。三角尺是木工画线时必不可少的工具，如制作框类的角部及镶装线条都需要它画线。

（3）活络尺：也称活尺，能任意调整角度，用以画任意斜线。由尺座、活动尺翼和螺栓组成。活尺使用时，先将尺翼调整所需角度，再将螺母旋紧固定，然后把尺座紧贴木料的直边，沿尺翼画线。可制作任意所要角度的产品，并可用它来测量或校验其角度。

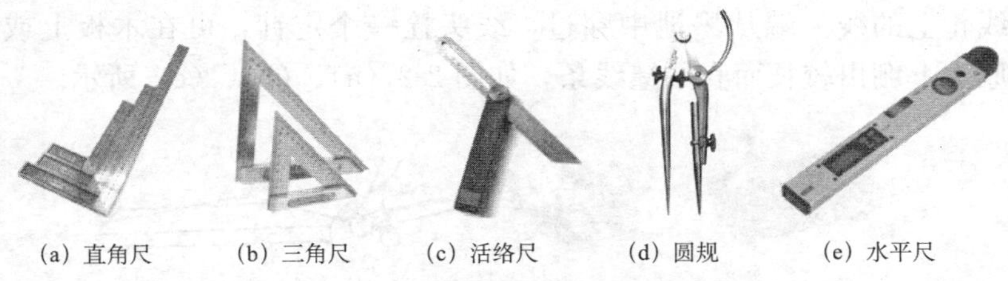

(a) 直角尺　(b) 三角尺　(c) 活络尺　(d) 圆规　(e) 水平尺

图 2-1　木工量具角度尺、圆规、水平尺

5. 圆规

圆规用于制作圆形家具不可缺少的工具。主要用于等分线段，画圆或画弧线等。圆规的两腿由活节连接，中间距离由弧形槽中的螺帽来控制，圆规脚的尖端应锐利，如图 2-1（d）所示。

6. 水平尺

水平尺也称水准器，有木制和金属制两种，尺身上装有横竖两个水准管。水平尺的用途是检查木工制品表面是否水平或垂直，如图 2-1（e）所示。

水平尺的使用方法：

（1）检查水平面时，将水平尺平放在物体表面，观察水平尺上气泡的静止位置，若气泡位居管内中央，将水平尺调头气泡仍居中时表明物体表面为水平面，否则此平面不是水平面。

（2）检查垂直面时，将水平尺竖立，使其底边紧贴在直立面上，观察横向气泡的静止位置，若气泡位居管内中央，表明此立面为铅垂面，否则此立面不是铅垂面。

2.1.2 画线工具及操作

木工要将木材制成具有一定形状、尺寸的构件或制品，第一道工序就是画线。除依靠量具外，木工画线有一套专用工具，一般常用的有墨斗、画线笔、拖线器、勒线器、线锤等。

1. 墨斗

墨斗是一种画线的量具，由硬质木材、塑料凳材料制成。前半部是圆形墨池，后半部为线轮，墨池内装有浸透墨汁的棉丝，线轮上的线一端从墨池中穿过，线头拴一个定针，可在木板上或原木上绷出较长而直的墨线条，如图 2-2（a）、（b）、（c）所示。

（a）墨斗　（b）自动卷线墨斗　（c）墨斗弹线方法

图 2-2　墨斗

2. 划子

划子是配合墨斗用于压墨拉线和画线的工具。取材于水牛角，锯削成刻刀样形状，把画线部分的薄刃在磨石上磨薄磨光即可使用，水牛角划子蘸墨均匀，画线清晰。也有用竹片制作划子，但误差较大，只要使用方法正确，立正划子画线，划子画的线误差比铅笔画线要小得多。在建筑施工制造门窗、模型板、屋架、放线等工程时仍广泛使用划子。

3. 划线器

（1）拖线器：由手柄和划线刀组成，如图 2-3（a）所示。用长方的小木方做手柄，上面开有各种距离的三角槽口，划线刀用铁质材料制作，划线刀可以任意调整距离。是细木工开槽、起线等常用的工具。

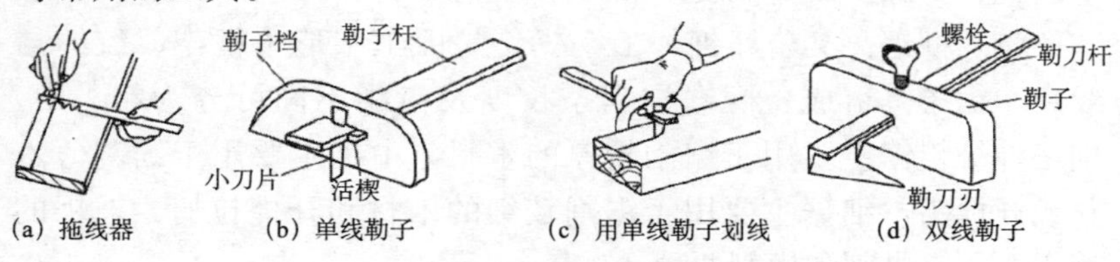

（a）拖线器　（b）单线勒子　（c）用单线勒子划线　（d）双线勒子

图 2-3　划线器

（2）勒线器：勒线器又称勒子，分为单线勒子和双线勒子两种，如图 2-3（b）、（c）、（d）所示。勒子由勒子档、勒子杆、小刀片、活楔等部件所组成。适用于刨刮材料时画线使用。双线勒子的构造与单线勒子相差不大，仅勒子杆端部制成 90°曲角，把曲角部分磨成刃，它的优点是一次能画两条平行线，适合画榫和眼的部件。

2.1.3　砍削工具

砍削工具主要是斧，分为手斧（斧）和锛斧（锛）两类，用来砍劈木材，使木材平齐，为刨削等工序打好基础。

1. 斧

斧分为单刃斧和双刃斧。单刃斧的刃锋在一面，适合砍，不适合劈，砍时只能向一面砍。吃料容易，木料易砍直，适用于家具制作等。双刃斧的刃锋在中间，能向左或向右两面砍劈木材。一般用于工地支模，做屋架、砍木桩等。斧的使用方法有平砍和立砍两种。

2. 锛

锛头用锻铁制成，前刃平齐，木把用硬木做成，一般用于砍削较大木料的平面。操作时，要侧身观察画线，根据木料软硬程度决定下锛力。先砍几下，然后按画线修砍。锛的操作比较困难，必须小心谨慎，看准砍稳，防止发生砍伤事故。

2.1.4 锯割工具

锯可以把木材锯割成各种形状。它的作用是将各种规格、形状的材料，加工成所需要的形状和尺寸。

（1）框锯：又名架锯、工字锯，是由工字形木框架、绞绳与绞片、锯条等组成。框锯按锯条长度及齿距不同可分为粗、中、细三种。粗锯主要用于锯割较厚的木料，中锯主要用于锯割薄木料或开榫头，细锯主要用于锯割较细的木材和开榫拉肩。框锯的使用方法有纵割和横割两种。

（2）板锯和刀锯：板锯和刀锯锯片坚硬，不需要框架绷紧，仅装手柄便可以使用，故又名手锯，主要用于较宽木板的锯割。

（3）曲线锯：又名绕锯，它的构造与框锯相同，但锯条较窄（10mm 左右），主要是用来锯割圆弧、曲线等部分。

（4）钢丝锯：又名弓锯，主要用于锯割薄木料并用于曲线的锯割，如复杂的曲线和开孔等。

2.1.5 刨削工具

手工刨是传统家具制作的一种常用工具，由刨刃和刨床两部分构成。刨刃是金属锻制而成的，刨床是木制的。通常把木材表面刨光或加工方正叫刨料。木料画线、凿榫、锯榫后再进行刨削叫净料。家具结构组合后，全面刨削平整叫净光。手工刨按其作用有平刨、槽刨、边刨、线刨等多种，如平刨可刨削木料粗糙表面使之平滑光洁，槽刨可在木料上开槽。

2.1.6 凿孔工具

凿是凿孔、剔槽和在不能使用刨的狭窄部分作切削用的工具。它由凿柄和凿头两部分组成。凿柄因要受到锤击，须用坚硬木材，如檀木、杨木、黄杨木等。凿的种类很多，按其使用要求不同，分为平凿、斜凿和圆凿等。

2. 1. 7 钻孔工具

钻是用来在木料上钻孔的工具，又称木钻。常用手工钻按其使用方式不同，可分为拉钻（牵钻）、手摇钻、弓摇钻等。各种木钻都可以通过更换钻头来改变钻孔大小。

2. 1. 8 辅助工具及操作

木工手工辅助工具包括锤子、木锉、螺丝刀、扳手、手钳等。

1. 锤子

锤子俗称榔头，由锤头和锤柄组成，分为平头锤和羊角锤。锤子主要用于敲击钉子和安装接榫，羊角锤既可作敲击工具，又可用来拔钉。

2. 木锉

木锉按形状不同分为平锉、扁锉和圆锉。木锉主要用于锉削或修整木构件上的孔眼、凹槽、棱角及不规则的表面。锉削时要顺着木纹锉才能使木构件表面光滑，否则表面会起毛。

3. 螺丝刀

螺丝刀俗称改锥。螺丝刀主要用来装卸各种螺栓、螺钉等。按其刀头形式、刀杆直径、长度、柄部材料等进行分类。

2. 2 木工机械及操作

2. 2. 1 锯割机械

1. 手持电圆锯

手持电圆锯具有操作简便、安全可靠、结构合理、工作效率高等特点。适用于对木材、纤维板等材料进行锯割作业。如图 2-4（a）所示。目前很多手持电圆锯可以调节高低和倾斜角度。市场上也出现了较多的充电圆锯，采用直流电源，使用比较便利。

2. 台锯（推台锯）

台锯是木工最基础的工具之一，推台锯的主要结构是由滑动

(a) 手持电圆锯

(b) 多功能刨床

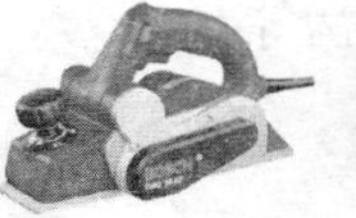
(c) 手持电刨

(d) 电动修边机

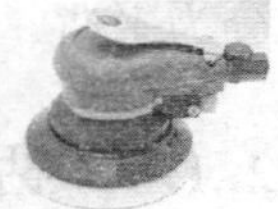
(e) 电动磨光机

图 2-4　木工机械

台、工作台面、横档尺、溜板座、主锯、槽锯等结构组成，如图 2-4（b）所示。台锯的基本用途是结合靠山（尺）开料，也就是将木方切割成所需要的截面尺寸。简易木工台锯加工操作时，工件放在移动工作台上，手工推送移动工作台，使工件实现进给运动。新型推台锯可实现半自动工作，可使用气动装置夹紧木材，高精密直线轴做轨道，轻便灵活，降低生产者的劳动强度，安全可靠。

3. 带锯

带锯机主要用于对木材进行纵向锯割，是一种可以把原木锯成板、方材，或把板、方材锯割成成品材的木工机械。它既可以像台锯一样横切开板材，也可以像曲线锯一样锯曲线，换上细的锯条可以当雕花锯，用来制作曲线和有弧度的木件。

2.2.2　刨削机械

1. 台刨

台刨通常为传统技术木工的基础，是最基本的电动工具，主要用途是将木方的基础面刨光、找直，是处理木材的基础工序。台刨的工作可以在用墨斗打线后，用手工锯和手动刨子代替。如图 2-4（b）所示多功能刨床可实现锯、刨、钻多功能于一体。

2. 压刨

压刨是将平刨已刨过的两个相邻面的木料，刨制成一定厚度和宽度的规格材的木工机。为保证刨光面均匀，通常为自动匀速走料，压刨的转速通常较高，刨光的面较台刨要光滑、平整。由于将木材置于刀片和底板之间，可以处理批量的木材，最终规格一致性很好，属于效率设备。自动压刨分为单面压刨、双面压刨、三

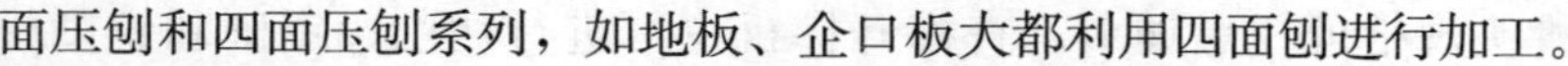

面压刨和四面压刨系列，如地板、企口板大都利用四面刨进行加工。

3. 手持电刨

手持电刨的功能等同于普通手工刨，属于省力工具，由于是电动原理，所以刨光的面依旧存在波纹，需要进一步处理。如果遇到手刨无法处理的横茬等，手电刨较好处理。手持电刨多用来处理毛胚料，如果使用适当，可以用来代替台刨的部分功能，如图 2-4（c）所示。

2.2.3　钻孔和开榫机械

1. 台钻

台钻也称木工钻床、打眼机。台钻的尺寸和功率有较大差别，一般为垂直、多向开孔，挖洞等用途。台钻类型很多，按外形分为立式和卧式两种；按操作方法分为手动式、脚踏式和半自动式等。

2. 手电钻

手电钻为基础木工工具，一般配合各类麻花钻头、木工三尖钻、开孔器、沉头钻等施工。由于手电钻体积较小，相比台钻非常灵活，因此应用较多。手电钻现在有充电、插电两个大类，又分为普通钻、冲击钻、电锤、电镐等。

3. 电起子

电起子即电动螺丝刀，用来代替手工螺丝刀，由于木工经常会用到各种自攻螺丝，电起子用起来较手动螺丝刀较为方便省力。电起子通常为充电工具，工业级的电起子多为插电工具。有的电起子还具备电钻的功能。

4. 开榫机

开榫机按榫头结构形式和用途可分多种类型，常用的有直榫机、圆榫机、燕尾开榫机、箱型开榫机和梳齿开榫机等。工作形式有半自动和全自动形式。

直榫开榫机分单头和双头两种，主要用于木制品的开榫、切肩、截头等多个工序连续加工成型，每次能将数根木方一起加工，榫头规格可任意调节。直榫开榫机也可进行切削、锯削和铣削榫槽等单独作业。全自动开榫机可实现自动上料、两端开榫，利用人机对话的数控系统，菜单模式选择，参数化输入，轻松实现制榫的三维加工。

5. 木工雕刻机

木工雕刻机又称为电木铣，雕刻机可以配合各种铣刀用来完成开槽、修边、挖孔、开榫、花色等多项功能。常用的刀头大约有几十种，常见的为几百种。雕刻机可以配合模板来做各种雕花、刻字、图形等。

6. 电动修边机

电动修边机原理即小型的电木铣，由于轻便，很方便用来单手操作，多用来修边，所以称为修边机，如图 2-4（d）所示。功能和雕刻机基本相同，使用时可在各种木制品与构件上进行开槽、开榫、打眼、裁口、铣刻以及修边等。

7. 手提式磨光机

手提式磨光机主要用于各种木材木饰面涂漆前的白木磨光，也可用于腻子涂层的表面磨光，如图 2-4（e）所示。电动圆磨的转速较高，而且一般都是偏心转动；方磨底板为正方形或者长方形，通过前后高速振动原理来处理木材表面。

2.3 木工机具维护与保养

木工机具维护与保养的目的是提高机械使用效率、延长机械使用寿命、保证机械加工精度、减少机械操作安全隐患等。每种木工机械保养方式虽各不相同，但主要工作内容应包括“清洁、润滑、调整、紧固、防腐”的“十字”维护保养法，实行例行保养和定期保养相结合，严格按使用说明书规定的周期及检查保养项目进行。

1. 例行保养

例行保养是在机械运行的前后及过程中进行的清洁和检查，主要检查要害、易损零部件（如机械安全装置）的情况，冷却液、润滑剂、燃油量、仪表指示等。例行保养由操作人员自行完成，必要时填写《机械例行保养记录》。

2. 一级保养

一级保养是普遍进行清洁、紧固和润滑作业，并部分地进行调整作业，维护机械完好技术状况。使用单位资产管理人员根据保养计划开具《机械设备保养、润滑通知单》下达到操作班组，由操作者本人完成，操作班班长检查监督。

3. 二级保养

二级保养包括一级保养的所有内容，以检查、调整为中心，保持机械各总成、机构、零件具有良好的工作性能。由使用单位资产管理人员开具《机械设备保养、润滑通知单》下达到操作班组，主要由操作者本人完成，操作者本人完成有困难时，可委托修理部门进行，使用单位资产管理员、操作班班长检查监督。

4. 其他保养

（1）换季保养：主要内容是更换适用季节的润滑油、燃油，采取防冻措施，增加防冻设施等。由使用部门组织安排，操作班班长检查监督。

（2）走合期保养：新机及大修竣工机械走合期结束后必须进行走合期保养，主要内容是清洗、紧固、调整及更换润滑油，由使用部门完成，资产管理员检查，资产管理部门监督。

（3）转移保养：机械转移工地前，应进行转移保养，作业内容可根据机械的技术状况进行保养，必要时可进行防腐。转移保养由机械移出单位组织安排实施，项目部、资产管理员检查，资产管理部门监督。

（4）停放保养：停用及封存机械应进行保养，主要是清洁、防腐、防潮等。库存机械由资产管理部门委托保养，其余机械由使用部门保养。

保养计划完成后要经过认真检查和验收，并编写有关资料，做到记录齐全、真实。

第3章 木工配料和木制品加工工艺

3.1 配料常识

3.1.1 选料

1. 选料

木制品按其部位可分为外表用料、内部用料和暗用料三种。外表用料露在外面，需涂饰，如写字台的面、木墙裙等；内部用料指用在制品内部，不需涂饰或不需要完全涂饰的零部件，如内档、底板等；暗用料指在正常使用情况下看不到的零部件，如屉滑道、内衬条等。根据制品的质量要求，合理地确定各零部件所用材料的树种、纹理、规格及含水率的过程，称为选料。

选料时，在满足设计要求的前提下，从结构强度和外表美观考虑，把材质好、纹理美观、材色悦目、涂饰性能好的木材作为制品的外表用料，把材质差、材色和纹理一般的木材作为内部用料或暗用料。这是选料的基本原则。

在选料用料时，除按上面基本原则选用木料外，还要注意以下几点：

（1）配料所选用木材必须经过干燥处理，并符合质量要求。当木制品使用时达到平衡含水率以后，这个时候的木材最不容易开裂变形。

（2）在选料时要考虑产品各零部件的受力情况和产品的强度

要求，并注意对有缺陷木材的选择和使用。

（3）在同一胶拼部件上，软材和硬材不得混合使用。

总之，在选料时，要做到优材不劣用，大树不小用，长材不短用，对有缺陷材要合理使用，材种搭配合理，料尽其用。

3.1.2 配料方法

根据设计图样要求，按照零件尺寸规格和质量要求，将木板及各种人造板材锯割成各种规格、形状的毛料的过程称为配料。

根据加工工艺不同，配料方法也多种多样，归纳起来，主要有划线配料法、刨光配料法、单一配料法和综合配料法。

（1）画线配料法：这种配料法是根据木构件的毛料规格尺寸、形状和质量要求，在木板上套截画线，然后照线锯割。此法尤其适用于弯曲部件或异形部件。划线配料法又分为平行画线法和交叉画线法，如图 3-1、图 3-2 所示。

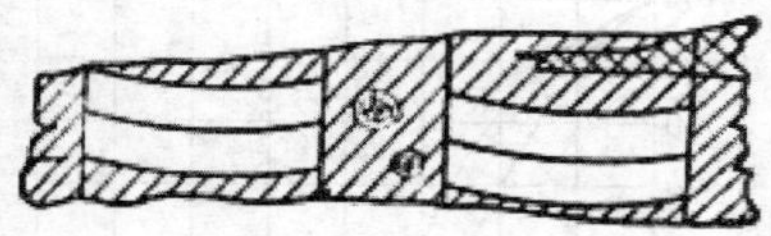

图 3-1 平行画线法

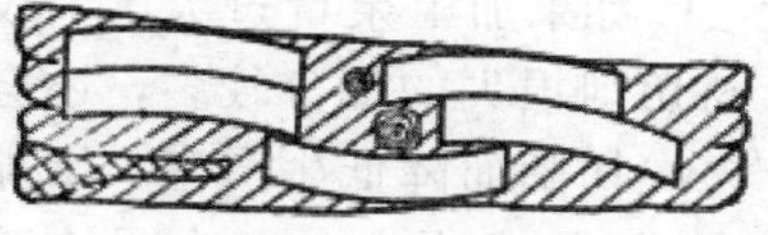

图 3-2 交叉画线法

1）平行画线法：是将板材按工件毛料的长度先横截成短板，然后用零件样板（放出加工余量）在板材上按样板宽度画出平行线，同时去除缺陷部分。平行画线法易加工，生产效率高但出材率低，适合大量配料。

2）交叉画线法：是在考虑去除缺陷的同时，最大限度地利用板材的好树部分，尽量多地按样板划出毛料。此法木材利用率高，但毛料在板面上排列无规则，难以统一下锯，生产效率低，适合小批量机械配料或手工操作配料。

（2）刨光配料法：将大板先经刨床单面或双面粗刨加工，然后再进行选料的方法，叫刨光配料法。经过粗刨后的板材，纹理、材色以及缺陷明显暴露在表面，配料时可以按实际情况，合理配料。

(3) 单一配料法：对大批的门窗配料，可将制材时已加工成规格料的板方材，按构件所需长度进行横截，工序简单，生产效率高，是批量配料常用的一种方法。

(4) 综合配料法：综合配料法是相对单一配料法而言，即一批制品的多种构件，只要断面尺寸相同，或构件的宽度和厚度只要有一个尺寸相同，不论其长短有多少种，均可混合配料，综合配料由于构件规格复杂，操作技术要求比较高。

3.1.3 加工余量

将毛料加工成形状、尺寸、表面质量都符合设计要求的零件时所切去的部分，就是加工余量。简单地说，加工余量就是毛料尺寸与零件尺寸之差。如果采用湿材配料，则加工余量中应该注意包括湿材毛料的干缩量。

如果加工余量过大，不仅木材切削损失的部分较多，还会因多次切削而降低生产率，增加动力消耗；但是，加工余量也不能过小，否则经过基准面与基准边的加工后，有相当数量的零件达不到要求的断面尺寸和表面质量，形成废品。在配料中，要注意留出合理的加工余量，以提高木材的利用率，节约加工时间。加工余量对木材损失的影响如图 3-3 所示。

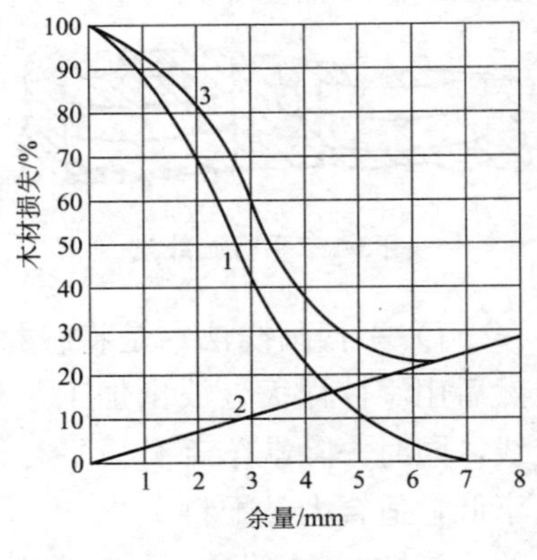

图 3-3 加工余量对木材损失的影响

1. 废品损失；2. 余量损失；3. 总损失

加工余量分为工序余量和总余量两种。工序余量是为了消除上道工序所造成的形状和尺寸误差而应当切去的木材表面部分。总余量是为了获得尺寸、形状和表面粗糙度都符合要求的零部件而应从毛料表面切去的总厚度。总余量等于各工序余量之和。

目前，木材加工行业中采用的加工余量的经验值如下。

（1）毛料宽、厚方向的加工余量，在毛料比较平直的情况下，当毛料长度小于500mm时，加工余量取3mm；当毛料长度为500～1000mm时，加工余量取3～4mm；当毛料长度为1000～1200mm时，加工余量取5mm；当毛料的长度超过1200mm时，可以根据实际长度和毛料是否平直，加工余量适当增加一些。

（2）长度方向的加工余量，一般取5～20mm；端头带榫头的零件余量取5～10mm；端头无榫头的零件取10mm；用于胶拼成整拼板的毛料长度应加长15～20mm。

（3）覆面材料的加工余量。各种覆面材料，如胶合板、纤维板、塑料贴面板等材料，在长度和宽度上的加工余量一般取15～20mm。

3.2 木制品接合的基本方法

3.2.1 钉接接合方法

钉接合采用螺钉、圆钉、竹钉、木钉等。钉接合的接合强度小，且易破坏材料，但操作简便，适于制品内部接合以及外形要求不高的地方。一般与胶料配合使用，有时只起辅助作用。

1. 螺钉接合

螺钉也称木螺丝，在木制品的接合中应用广泛。当板材拼合或木制品零部件连接时，可用明螺钉接合，比较讲究的做法是暗螺拼接。

2. 圆钉接合

钉子使用时应根据需要，选择长度和大小，既把木料钉牢，又不损坏木料。使用方式有明钉、暗钉、扎钉等。

3. 木钉或竹钉接合

木钉或竹钉接合适用于板面加宽拼接及榫接的固定，拼接时，将要拼接的料摆好，画上记号，然后在侧面中点钻孔，孔径略小于钉径，孔深约为钉长的1/2，在两结合面涂胶。

4. 螺栓接合

螺栓接合拆卸方便，一般在建筑工程木结构中，用得较多。目前，很多组合、拆装、折叠家具中的木构件，也常采用螺栓接合。

3.2.2 榫接接合方法

榫接合，是指榫头插入榫眼或榫槽的接合方式，榫接合的接合力强，接合灵活，结构牢固且外观美观，是木结构中最常用的接合形式。榫结合如图 3-4 所示。

图 3-4 榫头的形状

1. 直角榫；2. 燕尾榫；3. 指榫；4. 椭圆榫；5. 圆榫；6. 片榫

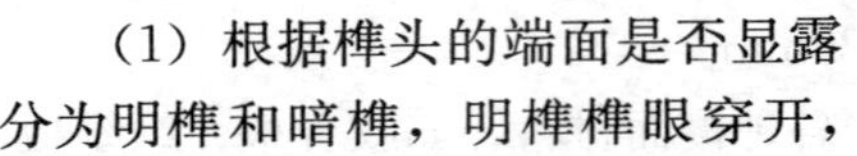

(1) 根据榫头的端面是否显露分为明榫和暗榫，明榫榫眼穿开，棒头贯通，加榫后结实、牢固，应用较广泛；暗榫不露榫头、外表较美观，但连接强度较差。

(2) 根据榫头开在构件端面上所处的位置分为单肩榫、双肩榫两种，单肩榫受力强度小于双肩榫，受力可能偏心，在木料厚度不足、榫头受力不大或因装配需要等情况下采用单肩榫。双肩榫榫头在中间，两边都有榫肩，比单肩榫牢固。

(3) 根据构件端的榫头数量，分为单榫、双榫与多榫及半榫。单榫榫头的两端都有肩，以防止装配后榫头扭动，木制品的榫头一般采用此类；双榫的强度比单榫高得多，又不易扭动、折断，使用于受力大的部件；多榫是指同一构件的端面有 3 个及 3 个以上的榫头，接合力特别强，适用于大构件的组合；半榫是指把原有的榫头锯掉一部分，半榫割去的部分一般为榫宽度的 2/5～1/2，俗称“破榫”、“减榫”。

(4) 根据榫头的变形处理，分为大小榫、两分榫、燕尾榫、圆榫与斜榫等。

燕尾榫常用于传统家具箱框、抽屉等处的接合，圆榫主要用于板式家具的定位和接合等。

(5) 根据榫槽顶面是否开口，分为开口榫、闭口榫和半闭口榫。

3.2.3　楔接接合方法

楔接合经常与其他接合方法配合使用。

常见楔接接合有以下几种：

（1）镶角楔接：当两板材角接时，两板端头锯成 45°斜角，并在角部开斜角缺口，然后用另一块三角接合板进行胶合并加钉紧固。

（2）穿楔夹角接：木材穿楔夹角接的形式有两种：一种是横向穿楔；另一种是竖向穿楔，具体做法是：先将两块料端头割成 45°，开槽后穿楔。

（3）明燕尾楔斜接：交接两块木板端头锯成 45°的斜面，隔一定距离开燕尾榫槽，再用硬木制的双燕尾榫块揳入榫槽，为使接合牢固可带胶楔接。

（4）三角垫块楔接：将接合两块木板端锯成 45°斜角，内部每隔一定距离加三角形楔块、带胶楔接，并用圆钉紧固。

（5）角木楔接：在两木料接角处装置角木楔，进行楔结合，适用于角接内部空间不影响使用时的情况。

（6）阔角楔接：阔角楔接是两木板平接的方法。先将两板端头锯成 45°斜角，然后按楔的形式开槽，一般常见的楔有哑铃式、银锭式和直板式三种，操作方便。

（7）明薄片楔斜接：将两接合木板端割成 45°斜角，再用钢或木制的薄楔片揳入角缝中。这种方法一般用于简单的箱类制作。

3.2.4　搭接接合方法

搭接接合就是把一块木材放到另一块上，并以一定的角度固定在一起，制作简便、定位准。

（1）十字形搭接接合：十字相接的两根木料，在接合相对部位各切出对称的半口，接合后加木梢紧固。十字形搭接能兼顾相交挡料的各向纤维强度。常用于相互交叉的樘子。

（2）丁字形搭接接合：一根方木上作榫槽，另一根方木上作单肩榫头，木工在加工的时候简单、方便，为增加接合强度，需带胶黏结和附加钉或木螺丝。

(3) 对角搭接接合：对角接合外表美观，制作简便，但接合强度较差，对角多数为45°。它在家具中用得较多，如镜框、照相框对角处。

(4) 叉口丁字形搭接：叉口搭接与螺栓接合同时使用，能承受较大的压力。如屋架横梁与直柱的接合，受力货架的横挡与直脚相接处。

3.3 木制品加工工艺

3.3.1 圆木制材

圆木制材是把原木锯解成板材、方材、枕木等锯材的工艺过程。

1. 制材生产的工序

制材生产一般包括：圆木运输，圆木锯解，板材再解，板皮处理和小料处理等工序。圆木锯解一般用带跑车的大带锯机，板材锯解用小带锯机，处理板皮和小料也用小型带锯机完成。

2. 圆木制作的工艺流程

圆木先由各种吊装机和运输工具运进车间。通直的圆木送大带锯机割据。弯曲度过大的圆木要经过截断才能送大带锯机进行锯割。大带锯机割据的大方板、厚板送主力带锯机再锯成成材。主力带锯机锯割出的板皮送到辅助带锯机进行板边处理或制成灰板等成材。

(1) 圆木制作半圆木，将圆木放在木马架或凳子上，在圆木的小头端用眼吊看。确定弯曲较大的一面，将其转动到顶面，然后在顶面上弹一条墨线。再用线锤在木材两端吊看，并画出垂直中心线，画完后把圆木低面转向顶面，以两端截面中心线的端点在顶面弹出一条纵长中心线，以纵长中心线锯开即得两根半圆木。

（2）圆木制作方木，先在圆木大小头截面用吊线法画出垂直中心线，用尺平分为二等分，中间的点为方木的中心，再用角尺通过中心画一水平线，然后按照要求的尺寸，利用十字线画出方木边线。在大头同样画出边线，用墨斗线连接两截面画出方木棱角线，弹出纵向墨线，依线锯掉四边边皮即得到方木。

（3）圆木制作板材，一般要用较平直的圆木，在端截面上用线锤吊中心线，用角尺画出水平线，在水平线上按板材厚度（加上锯缝的宽度），从截面中心向两边画平行线，然后连接相应板材棱角点，用墨斗弹出纵长墨线，最后锯接出板材。

锯好的成材运送至成材现场，堆放待用或送干燥车间进行干燥处理。

3.3.2　毛料的刨削加工

经过配料，将锯材按零件的规格尺寸和技术要求锯成了毛料，但有时毛料可能因为干燥不善而带有翘曲、扭曲等各种变形，再加上配料加工时基准都较粗，毛料的形状和尺寸总会有误差，表面也是粗糙不平的。为了保证后续工序的加工质量，以获得准确的尺寸、形状和光洁的表面，必须先在毛料上加工出正确的基准面，作为后续工序加工时的精基准。

毛料的刨削加工是将配料后的毛料经基准面加工和相对面加工而成为合乎规格尺寸要求的净料的加工过程。

1. 加工基准面

基准面包括平面（大面）、侧面（小面）和端面。对于不同的零件，根据其质量要求的不同，不一定加工三个基准面，有时只需其中一面或两面找基准即可。平面和侧面的基准面可在平刨床或铣床上加工；端面一般只需锯机横截。

2. 加工相对面

对相对面进行加工后即可获得光洁平整的表面和符合技术要求的形状及规格尺寸。相对面的加工可在单面压刨床和铣床上进行。尺寸较小的工件加工相对面，可在铣床上进行，面积较大的工件加工相对面，应在压刨床上进行。在实际生产中，应根据制品各零部件的质量要求和使用位置、生产批量的大小等具体情况，合理选择加工机械和加工方法。一般以平刨床加工基准面和边，再以单面压刨床加工相对面和相对边。此种方法加工出的产品形状和尺寸准确，表面光洁，但效率较低。

压刨床是一种能自动进料、效率较高的木工机床。主要用于加工已有两个相邻基准面的工件的相对面，使工件加工成一定厚度和宽度的净料。压刨床由两个人配合操作，一人送料，一人接料。

3.3.3 板缝拼接

要用实木做桌面板等大幅面的板材，要找一整张的木料很困难，需要将多块窄的实木板通过一定的侧面边拼接方法拼接成所需要宽度的板材，即拼板。这样不仅可减少变形开裂，而且增加了形状稳定性，同时扩大幅面尺度和提高木材利用率。

板缝拼接的接合方法有平拼、搭口拼、企口拼、插入榫拼、穿条拼、螺钉拼、吊带拼等。

(1) 平拼：将相拼面刨平直，把胶液分别涂在两个相拼面上，略停一会儿，将两相拼面台在一起，然后前后移动两下，使胶涂布均匀。使用范围：门板、面板、旁板、抽屉面。

(2) 搭口拼：又称裁口拼、高低缝拼或叠口拼，其裁口的深度和宽度一般为拼板厚度的1/2，此种拼板在收缩时，因是高低缝拼合，可以掩盖住缝隙而不会有透光缝，但其耗材则要比平口缝拼合时多8%左右。

(3) 企口拼：为严密板缝，在榫顶和槽底间应留有1mm的空隙，榫边要倒棱角。

(4) 插入榫拼：比平拼多了圆榫或方榫，其加工进度要求准确，每块边条上都得钻孔，而且钻孔不能有丝毫的差别，否则就会装不好或装不上。用插入榫拼接既需要较高的技术，又浪费时间，故除了有特殊要求外，生产中很少应用。

(5) 穿条拼：将两相拼面裁成矩形槽或“V”形槽，加工好一穿条或十字穿条，涂胶后再插穿条。适用各种面板、旁板等。

（6）明螺钉拼：先在板背面凿切出三角形斜口，使该三角口离板缝15mm。然后钻出一个螺钉能通过的小孔，再向小孔内插入木螺钉，使其与相拼合的第二块板拧紧拉牢。

（7）暗螺钉拼：又称挂螺钉拼。先在一块板侧面钻孔和开出槽口。在另一块板的侧面拧上木螺钉，拧入深度为1/2螺钉长度左右。拼板时，将露出的螺钉头插入前一块拼板侧面已钻好的圆孔内，并使两块板的侧面紧贴，再向槽口方向敲击板端，使螺钉头卡在槽口内，从而达到紧密拼合的目的。

（8）穿带拼和吊带拼：在拼板的背面设置横贯的木条，可以起到防止翘曲的作用，加工时不用施胶。

3.3.4　打眼、开槽、裁口

在木制品的零部件上，根据其相互接合的需要，要在相应的部位上加工各种类型的榫眼、圆孔。常用的榫眼和圆孔按其形状可分为方孔（矩形孔）、圆孔、方圆孔和沉孔等，手工主要靠凿子和手钻（包括手电钻）；工厂主要用木工钻床（打眼机）加工。

1. 打眼

（1）矩形孔的加工：由于矩形孔的长度比宽度大，故必须进行多次钻凿。在钻凿中必须使用方凿钻头刃口的全部，否则会由于受力不均而使刃口弯曲或破裂。如果凿到孔末端，剩余部分不够一凿宽度时，则应先凿末端，然后来回凿完孔内的余下部分。如果是不贯通深孔，不宜一次凿进过深，应分次凿削。第一凿的凿进速度要慢，凿到一定深度后，应退凿待钻屑排除后再凿进。如凿削透孔，不要一次凿通，应留存一部分，翻过来再凿通，以保证加工工件两面光洁。

（2）斜孔的加工：在工件上钻凿斜孔，可采用两种方法：一是将工作台倾斜成一定角度；二是不调整工作台，利用模具加工斜孔。

（3）并列孔的加工：加工双孔，有两种方法：一种是采取流水工序，两台打眼机配合进行。第一台打眼机加工第一个孔，第二台打眼机加工第二个孔，也可以在一台打眼机上加工完所有工件的第一个孔后，调整导规至相应位置，再打第二个孔。

（4）沉头孔加工：有些家具部件采用木螺钉吊面法接合。这时要使螺钉头部沉到木材里面。同时又要使螺钉大部分穿过木材而起坚固的作用。这种孔即为沉孔。沉头孔采用沉头钻来加工，使加工出来的孔呈圆锥形或阶梯圆柱形。

2. 开槽和裁口

家具因结构要求，常安装有嵌板、镜子和推拉门等，就需在相闭合的部件上开槽和裁口。

开槽要求的技术较高，尤其是用手工工具来开槽的时候。为了减少开槽的困难，最好把它开成宽而浅的槽。手工开槽应使用槽刨，操作前，在槽刨上根据槽的宽度装上相应尺寸的刀片，槽与侧面的距离，通过调节在槽刨上的导向块来控制。加工时，将导向块紧贴加工件的侧面向前推动刨槽。

裁口采用边刨，操作时，需左手扶料，右手推刨。

以上两种工序都是向前推送进行加工，但在操作时，一般先从离前端 15～20cm 处开始向前刨，以后逐渐向后退，使每次刨削长度不至于太大，最后再将刨子从后端推到前端全长刨一次，使所刨的凹槽和裁口深浅、宽窄一致，并要求槽口平直不戗茬起毛。

用电动工具来开槽和裁口要相对容易些。开槽和裁口时，按切割纤维方向分为顺纤维方向切削和横纤维方向切削。顺纤维方向切削时，刀头上不需要装有切断纤维的割刀。为保证要求的尺寸精度，应正确选择基准面和采用不同的刀具，并使导尺、刀具和工作台面之间保持正确的相对位置。立式木工铣床、带组合刀头的动力锯和四面刨是开槽和裁口的最好工具，只要将锯放到木料上，锯片或钻头即可将槽开好。也可用带普通锯片的动力锯，把木料锯出两条锯口，再把中间的木片除去。利用木工铣床的立刀头，装上成型刀片，也可以裁口和开槽榫，其深度可由工作台上的导板控制。四面刨加工是在侧向刀头上面安装所需规格形状的刀片，即可加工出互相接合的槽榫和裁口。

3.3.5　方材接长方法

方材长度方向的拼接常用的有对接、斜接和指接三种形式，如图 3-5 所示。

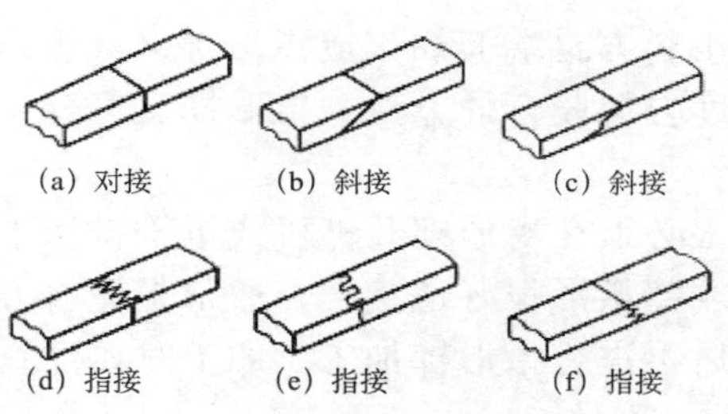

图 3-5　方材的接长方式

1. 对接

对接是将小料方材在端面采用平面胶合的方法，如图 3-5（a）所示。对接方法的接合面是端面，由于木材端面不易加工光洁，同时在端面上涂胶后，胶液渗入管孔较多，难以获得牢固的接合强度，一般只用于细木工板的芯板和受压胶合构件的中间层。所以，木材长度方向的胶接常采用斜面接合或齿榫接合。方材的对接方法只需将小方材在圆锯机上精截后胶合，但因是木材端面接合，胶接强度很低。方材端面涂胶后对接，采用端向加压，在压力下保持 4～8h，待胶固化后再进行后续加工。

2. 斜接

斜接是将小料方材端面加工成斜面后采用胶黏剂将其在长度方向胶合的方法，如图 3-5（b）所示。根据试验为了保证达到要求的接合强度，斜面接合的斜面长度应该等于方材厚度 10～15 倍，这样木材损耗就较大，而且斜面长度太大也不易加工，所以，斜面接合一般采用斜面长度应该等于方材厚度的 8～10 倍，特殊情况下也可用 15 倍。为了增加接触面积，也可采用阶梯斜面胶接合等形式，如图 3-5（c）所示。

斜面接合可以将小方材放在圆锯机上加工，此时，锯片须倾斜安装，或者使工作台面倾斜。也可以采用楔形垫板，使方材倾斜放置来进行锯切。此外，也可利用压刨或铣床进行加工，但需有专用的样模夹具。将加工好的方材斜面涂上胶，端向加压，在压力下保持 4～8h，待胶固化后再进行后续加工。

3. 指接

指接是将小料方材端面加工成指形榫（或齿形榫）后采用胶黏剂将其在长度方向胶合的方法。指形榫又可分三角形和体形两种形式。

指形榫加工必须在指形榫开榫机或下轴铣床上加工。为了保证小料方材的端部指形很好地接合，通常是先将方材在圆锯机上精截端头，然后再进行指形榫加工。加工时要注意指形榫的左右互相配合。

采用与指形榫相对应的齿辊进行涂胶后加压。指形榫接长后的胶接件应在室温下堆放 1～3d，待胶固化后再进行后续加工。

3.3.6 箱框的接合方法

箱框结构是由四块或四块以上的板件按一定的接合方式构成的箱体或框体结构，箱框接合主要指传统箱柜类及抽屉等的部位接合。其结合形式包括槽榫接合、直角多榫接合、燕尾榫接合等。也可以采用五金连接件接合。

（1）箱框的角部接合：有直角接合或斜角接合；可以采用直角多榫接合、燕尾榫、插入榫、木螺钉等接合；也可以采用五金连接件接合。

燕尾榫结合。又称马牙榫结合，燕尾榫接合紧密、结构牢固，可防止榫头前后错动，有明燕尾榫、暗燕尾榫和半暗燕尾榫三种。

（2）箱框的中部接合：常采用直角槽榫、直角多榫、燕尾榫、插入榫等固定式接合；也可以采用五金连接件接合。

槽榫接合。用于抽屉前后角的接合，是一种简单的接合方法。此法用于框板的顺纹方向比较牢固；如用于框板横纹方向，则要根据木材性能来定，一般以坚硬及较厚的阔叶材为宜，结合面要涂胶。

直角多榫接合是一种强度较大的结构形式，适于抽屉后角及其他箱框四角的接合。多采用机械加工，要求精密且结合面涂胶。

第 4 章 木结构施工

4.1 木屋架的构造

木屋架有多种形式，其中以三角形屋架最多，常见的三角形屋架的组成与构造如下。

三角形木屋架的组成杆件有：上弦（称人字木）、下弦（称大花）、斜杆、竖杆等。其中斜杆和竖杆统称为腹杆，如图 4-1 所示。

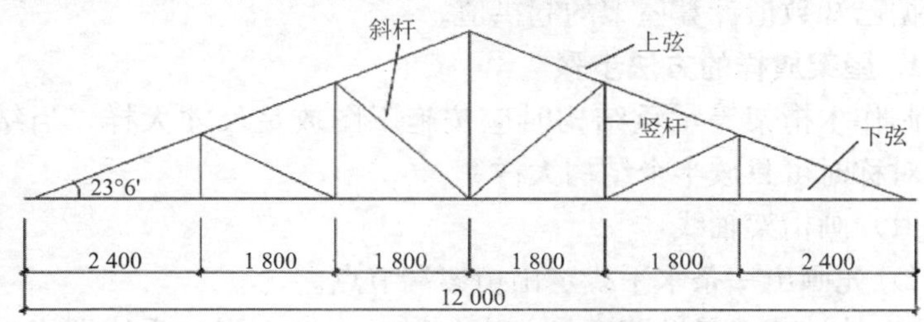

图 4-1 三角形木屋架的组成

屋架各杆件的联结处称为节点，两节点之间的空档称为节间。屋架两端的节点称为端节点，两端节点中心间的距离称为屋架跨度。木屋架的适用跨度一般为 6～15m。屋脊处的节点称为脊节点，脊节点中心到下弦轴线的距离称为屋架高度（又称矢高）。木屋架的高度一般为其跨度的 1/5～1/4。屋架下弦中央与其他杆件联结处称为下弦中央节点，其余各杆件联结处均称为中间节点，如图 4-2 所示。

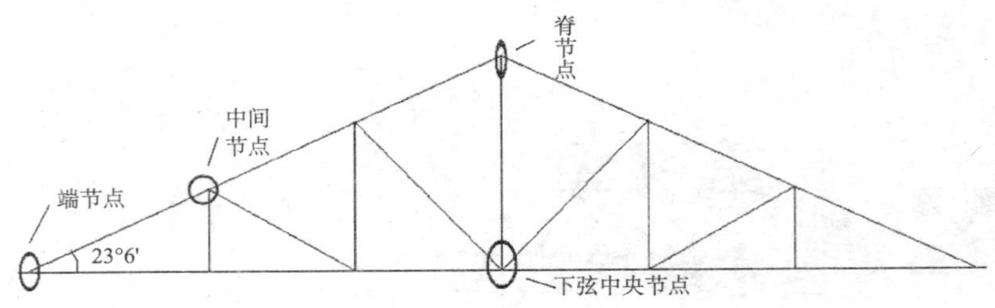

图 4-2　屋架的节点图

4.2 木屋架的制作与安装

4.2.1　木屋架放样

木屋架放样就是我们常说的放大样。放大样就是根据设计图纸将屋架的全部详细构造用 1∶1 的比例画出来，以便掌握各杆件的正确尺寸和形状用以保证加工准确。在放大样之前，要先熟悉设计图纸，如各弦长的尺寸，节间长度，屋架的跨度高度等，同时根据已知数值计算屋架的起拱值。

1. 屋架放样的方法步骤

制作木桁架等承重结构时应按施工图放足尺寸大样，当结构完全对称时可只放半个结构大样。

（1）画桁架轴线：

1）先画出一条水平线定出桁架端节点。

2）从端节点量取跨度的一半，过此点向上引一垂线即为中竖杆轴线。

3）从两线交点向上量取下弦起拱高度，若设计无要求时按跨度的 1/200 确定。该点即为下弦轴线与中竖杆轴线交点即起拱点，从该点向上量取屋架高度定出脊节点。

4）连接脊节点与端节点即得上弦轴线。

5）连接端节点与起拱点即得下弦轴线。

6）从端节点开始在水平线上量取各节点间长度并作垂线即得各竖杆轴线。

7）从竖杆轴线与下弦轴线交点连接对应的上弦轴线与竖杆轴线交点即得各斜撑轴线。

（2）画各杆件边线：

1）画原木桁架杆件边线：原木桁架各杆件的轴线为各杆件截面中心线，下弦杆的根头宜放在端节点处，上弦杆的根头宜放在 6
端节点方向，斜撑的根头宜放在上弦节点处。画杆件边线时，先在杆件梢头处从轴线向两边量出梢头半径，再按直径递增率定出根头半径（可按每延长米直径递增 8～10mm 考虑或现场测算平均值），在根头处从轴线向两边量出根头半径，连接即得杆件边线。

2）画方木桁架杆件边线：方木桁架下弦杆轴线为下弦端节点净截面的中线（即在齿连接中，齿最深处到下表面之间的中心线），其余各杆件为其截面中心线。方木桁架的上弦杆、竖杆、斜撑可以从轴线向两边量取杆件宽度的一半，画出杆件边线；方木桁架的下弦杆则应先计算截面净高度。从轴线向下量取截面净高度的 1/2 为下弦下边线，向上量取 1/2 截面净高度为齿深线（双齿连接时为第二齿深线），向上量取 1/2 截面净高加齿深即为下弦杆的上边线。

（3）画单齿连接的齿形线：当设计无规定时，齿连接的齿深对于方木不应小于 20mm，对于原木不应小于 30mm。

1）先画一齿深线 M，与上弦杆轴线交于 a 点，上弦杆轴线与下弦杆上边线交于 b 点，上弦杆下边线与下弦杆上边线交于 f 点，如图 4-3 所示。

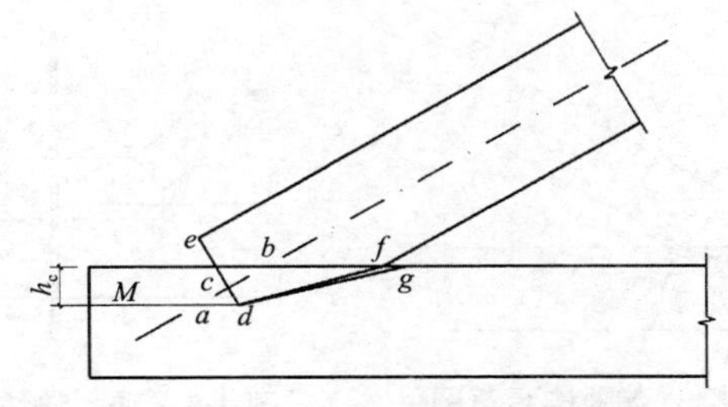

图 4-3　单齿连接节点画法示意图（注：h_c 为齿深）

2）过 a、b 的中点 c 作上弦杆轴线的垂线，交 M 于 d 点，交上弦杆上边线于 e 点。

3）连接 e、d、f 即得上弦杆齿形线。

4）在 f 点内侧 10mm 处取一点 g，连接 d、g 即得下弦杆齿槽线。

（4）画双齿连接的端节点：

1）当设计无规定时，齿连接的齿深对于方木不应小于 20mm；对于原木不应小于 30mm，双齿连接的第二齿深 h_c 应比第一齿深 h_{c_1} 至少大 20mm，但第二齿深不得大于杆件截面高度的 1/3。

2）先画出第一齿深线 M 和第二齿深线 N，如图 4-4 所示。

3）上弦杆上边线、轴线、下边线分别交下弦杆上边线于 a、b、c 点。

4）过 a 点及 b 点分别作上弦轴线的垂线，交 M 于 d 点，交 N 于 e 点。

5）顺序连接 a、d、b、e、c 即得上弦杆齿形线。

6）在 c 点内侧 10mm 处取一点 f，连接 e、f 即得下弦杆第二齿槽线。

（5）画下弦中央节点：

有硬木垫块的中央节点画法如下：

1）如图 4-5 所示，按施工图所示尺寸，先在下弦杆上画出垫块嵌深线 M，以中竖杆轴线为准，向两边各量取垫块长度的 1/2，与线 M 分别交于 a、b 两点。

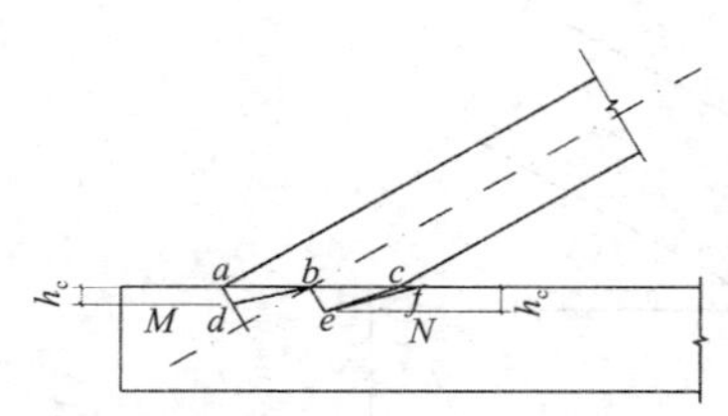

4-4 双齿连接节点画法示意图

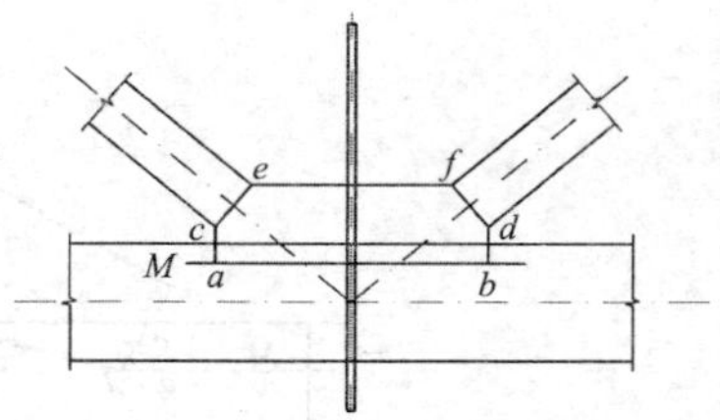

图 4-5 硬木垫块下弦中央节点画法示意图

2）过 a、b 点作中竖杆轴线的平行线，分别交两斜撑下边线于 c、d 两点。

3）过 c、d 两点分别作两斜撑轴线的垂线，分别交两斜撑上边线于 e、f 点。

4）连接 a 、b、d、f、e、c 即为垫块形状。

2. 出样板

(1) 样板应选用木纹平直、含水率低于18%且不易变形的板材制作。

(2) 样板杆件的榫、槽、齿孔等形状和位置应准确，样板对大样的偏差宜控制在1mm以内。样板完成后应在大样上试装配，检查无误后在样板上弹出轴线，标明杆件名称或编号。

(3) 钢拉杆不配样板，只在大样上量取实长。

(4) 样板应注意保护，防止因淋雨、曝晒、碰撞等原因变形。

4.2.2　木屋架制作

1. 木屋架的选料

(1) 木结构的用料，必须符合国家对各类木材缺陷的允许程度和各类构建使用木材的等级范围等各项规定。

(2) 当上、下弦材料相同时，应当把好料用于下弦。

(3) 对下弦应把好的木材放在端点，对上弦应把材质好的一端放在下端。

(4) 上弦与下弦的接头位置应错开，下限的接头位置最好设在中部。如用原木大头应放在端接头一端。

(5) 不得将有缺陷的木材用在支座节点的榫接合处；选夹板料时，必须选用优等材制作。

2. 制作拼装

(1) 画线、下料。采用样板画线时，对原木杆件，先砍平找正后弹十字线及中心线；将已套好样板上的轴线与杆件上的轴线对准，然后按样板画出长度、齿及齿槽等。

(2) 节点出的承压面必须平整、严密；榫肩应长出5mm，以备拼装时修正。

(3) 上、下弦之间在支座处（非承压面）宜留空隙10mm，腹杆与上下弦接合处（非承压面）也留10mm的空隙。

(4) 钻螺栓孔的钻头要直，其直径应比螺栓直径大1mm，每钻入50～60mm后，需提出钻头，加以清理，孔内不留木渣；在钻孔时，先将所要接合的杆件按正确的位置叠合起来，并加以固定，然后用钻子一气钻透，以提高结合的紧密性。

(5) 屋架的拼装：在平整的场地上先放好垫木，把下弦杆在垫木上放稳，然后，按照起拱高度将中间垫起，两端固定，再在接头处用加板和螺栓夹紧；下弦拼接后，即安装中柱，两边用临时支撑固定，再安装上弦杆；最后安装斜腹杆，从桁架中心依次向两端进行，然后各拉杆穿过弦杆，两头加垫板，拧上螺母。各杆件安装完毕，检查合格后，再拧紧螺帽，钉上三角木。

4.2.3 木屋架安装

1. 屋架安装

屋架组装、制作完毕后，应根据设计图纸要求进行检查、记录材料质量、结构及其构件尺寸的正确程度及构件的制作质量，验收合格后方准许安装。

屋架安装前必须在屋面梁及檐口上弹出标高控制线、安装位置线来控制安装位置，栏板上测出标高，然后在混凝土梁上找平，并弹出中心线位置，保证制作构件具有足够的刚度，采取防止构件错位、倾覆和连接松动的措施，专人号令指挥，用人合力从脚手架平台上把构件缓移至屋架梁上，通过屋脊、屋檐的几条控制麻线来调整、校核屋架的安装标高，确保无误后与预埋铁件固定安装。

第一榀屋架吊上后，立即找中、找直、找平，并用螺栓将其固定在梁上预埋的铁件上，待第二榀屋架吊上后，立即钉上脊檩，作为连系构件，并装上剪刀撑。

2. 檩条安装

将选好的用于檩条的木材，进行局部找加工、找平，分类堆放。檩条与屋架交接处，需用三角托木托住固定，每个托木至少用两个 100mm 长的钉子钉牢在上弦上，托木高度不得小于檩条高度的 2/3；屋架及脊节点和其他上弦节点或其附近的檩条、支撑架节点处的檩条，应与屋架上弦锚固。锚固方法用螺栓。安好后的檩条，所有上表面应在同一平面上。

檩条必须按设计要求正放；要求坡面平整，同一行檩条要通直。檩条的接头必须设在屋架上弦上，并应侧向搭接，搭接长度宜不小于上弦宽度的 2 倍。

檩条如在屋架上弦对头相接，应先用夹板连接牢固后再与上弦钉牢。承托檩条的托木，至少应用 2 只铁钉钉牢，托木高度应≥2/3 檩条高度。

3. 施工注意事项

（1）控制使用木材的含水率，减小收缩变形。

（2）样板要选用优质干燥木材制作，以防变形影响加工精度。

（3）屋架拼装时宜竖立拼装。

（4）控制螺栓的孔眼位置，保证不发生错位。

（5）严格把关，控制操作人员的工作精度，保证画线、锯割的准确性。

4. 成品保护

加工完成的木屋架要竖立，不得长时间平放于脚手架上，防止变形。

5. 安全隐患与控制措施

（1）电锯等用电设备及线路绝缘不良，无保护接零，无漏电保护器或不符合要求。

控制措施：必须由项目部指定专用电工接拆电源线，且由电工负责每日检查临时线路绝缘情况。保证用电设备及线路应绝缘良好，设备金属外壳可靠接地，符合“一机一闸一漏一箱”，漏电保护器灵敏有效。作业人员必须穿高统绝缘胶鞋，戴绝缘胶手套，割据时要有专人负责电线，防止磨损电线及电线进水。

（2）电锯等机械伤害。

控制措施：严格遵守操作规程，机械使用前要检查安全保护装置的可靠性。

（3）高空坠落。

控制措施：操作平台临边应有护身栏杆。

4.3 木结构工程施工质量控制

4.3.1 主控项目

（1）应根据木构件的受力情况，按表 4-1、表 4-2、表 4-3 规定的等级检查方木、板材及原木构件的木材缺陷限值。

表 4-1 承重木结构方木材质标准

<table>
<tr><th rowspan="3">项次</th><th rowspan="3">缺陷名称</th><th colspan="3">木材等级</th></tr>
<tr><th>I_a</th><th>II_a</th><th>III_a</th></tr>
<tr><th>受拉构件或拉弯构件</th><th>受拉构件或压弯构件</th><th>受压构件</th></tr>
<tr><td>1</td><td>腐朽</td><td>不允许</td><td>不允许</td><td>不允许</td></tr>
<tr><td>2</td><td>木节：在构件任一面任何150mm长度上所有木节尺寸的总和，不得大于所在面宽的</td><td>1/3
（连接部位为 1/4）</td><td>2/5</td><td>1/2</td></tr>
<tr><td>3</td><td>斜纹：斜率不大于/%</td><td>5</td><td>8</td><td>12</td></tr>
<tr><td rowspan="2">4</td><td>裂缝：1）在连接的受剪面上；</td><td>不允许</td><td>不允许</td><td>不允许</td></tr>
<tr><td>2）在连接部位的受剪面附近，其裂缝深度（有对面裂缝时用两者之和不得大于材宽的）</td><td>1/4</td><td>1/3</td><td>不限</td></tr>
<tr><td>5</td><td>髓心</td><td>应避开受剪面</td><td>不限</td><td>不限</td></tr>
</table>

注：1. I_a 等材不允许有死节，II_a、III_a 等材允许有死节（不包括发展中的腐朽节），对于 II_a 等材直径不应大于 20mm，且每延米中不得多于 1 个，对于 III_a 等材直径不应大于 50mm，每延米中不得多于 2 个。

2. I_a 等材不允许有虫眼，II_a、III_a 等材允许有表层的虫眼。

表 4-2　承重木结构板材材质标准

项次	缺陷名称	木材等级		
		Ⅰa	Ⅱa	Ⅲa
		受拉构件或拉弯构件	受拉构件或压弯构件	受压构件
1	腐朽	不允许	不允许	不允许
2	木节：在构件任一面任何150mm长度上所有木节尺寸的总，不得大于所在面宽的	1/4	1/3	2/5
3	斜纹：斜率不大于/%	5	8	12
4	裂缝：连接部位的受剪面及其附近	不允许	不允许	不允许
5	髓心	不允许	不限	不限

注：同表 4-1 注释。

表 4-3　承重木结构原木材质标准

项次	缺陷名称	木材等级		
		Ⅰa	Ⅱa	Ⅲa
		受拉构件或拉弯构件	受拉构件或压弯构件	受压构件
1	腐朽	不允许	不允许	不允许
2	木节：1）在构件任一面任何150mm长度上沿周围所有木节尺寸的总和，不得大于所测部位原来周长的； 2）每个木节的最大尺寸，不得大于所测部位原木周长的	1/4 1/10（连接部位为1/2）	1/3 1/6	不限 1/6
3	斜纹：斜率不大于/%	8	12	15
4	裂缝：1）在连接部位的受剪面上； 2）在连接部位的受剪面及其附近，其裂缝深度（有对面裂缝时用两者之和）不得大于原木直径的	不允许 1/4	不允许 1/3	不允许 不限
5	髓心	应避开受剪面	不限	不限

注：1. Ⅰa、Ⅱa等材不允许有死节，Ⅲa等材允许有死节（不包括发展中的腐朽节），直径不应大于原木直径的 1/5，且每 2m 长度内不得多于 1 个。

2. 同表 4-1 注 2。

3. 木节尺寸按垂直于构件长度方向测量。直径小于 10mm 的木节不量。

检查方法：用钢尺或量角器量测。

（2）应按下列规定检查木构件的含水量水率：

1）原木或方木结构应水大于25%。

2）板材结构及受拉构件的连接板应不大于18%。

3）通风条件较差的木构件应不大于20%。

检查方法：按《木材物理力学试验方法　总则》（GB/T 1928—2009）的规定测定木构件全截面的平均含水率。

4.3.2　一般项目

（1）木桁架、木梁（含檩条）及木柱制作的允许偏差及检验方法应该符合表4-4的规定。

表4-4　木桁架、梁、柱制作的允许偏差

<table>
<tr><th>项次</th><th colspan="3">项目</th><th>允许偏差/mm</th><th>检验方法</th></tr>
<tr><td>1</td><td>构件截面尺寸</td><td colspan="2">方木构件高度、宽度，
板材厚度、宽度，
原木构件梢径</td><td>−3
−2
−5</td><td>钢尺量</td></tr>
<tr><td>2</td><td>结构长度</td><td colspan="2">长度不大于15m
长度不大于15m</td><td>±10
±15</td><td>钢尺量桁架支座节点中心间距梁、柱全长（高）</td></tr>
<tr><td>3</td><td>桁架高度</td><td colspan="2">跨度不大于15m
跨度不大于15m</td><td>±10
±15</td><td>钢尺量脊节点中心与下弦中心距离</td></tr>
<tr><td>4</td><td>受压或压弯构件纵向弯曲</td><td colspan="2">方木构件
原木构件</td><td>$L/500$
$L/200$</td><td>拉线钢尺量</td></tr>
<tr><td>5</td><td colspan="3">弦杆节点间距</td><td>±15</td><td rowspan="2">钢尺量</td></tr>
<tr><td>6</td><td colspan="3">齿连接刻槽深度</td><td>±15</td></tr>
<tr><td rowspan="3">7</td><td rowspan="3">支座节点受剪面</td><td colspan="2">长度</td><td>−10</td><td rowspan="6">钢尺量</td></tr>
<tr><td rowspan="2">宽度</td><td>方木</td><td>−3</td></tr>
<tr><td>原木</td><td>−4</td></tr>
<tr><td rowspan="3">8</td><td rowspan="3">螺栓中心间距</td><td colspan="2">进孔处</td><td>$\pm 0.2d$</td></tr>
<tr><td rowspan="2">出孔处</td><td>垂直木纹方向</td><td>$\pm 0.2d$ 且不大于 $4B/100$</td></tr>
<tr><td>顺木纹方向</td><td>$\pm 1d$</td></tr>
<tr><td>9</td><td colspan="3">钉进孔处的中心间距</td><td>$\pm 1d$</td><td></td></tr>
<tr><td>10</td><td colspan="3">桁架起拱</td><td>+20
−10</td><td>以两支座节点下弦中心线为准，拉一水平线，用钢尺量跨中下弦中心线与拉线之间距离</td></tr>
</table>

注：d 为螺栓或钉的直径；L 为构件长度；B 为板束总厚度。

（2）木桁架、梁、柱安装的允许偏差及检验方法应符合表 4-5 的规定。

表 4-5　木桁架、梁、柱安装的允许偏差

项次	项目	允许偏差/mm	检验方法
1	结构中心线的间距	+20	钢尺量
2	垂直度	H/200 且不大于 15	吊线钢尺量
3	受压或压弯构件纵向弯曲	L/300	吊（拉）线钢尺量
4	支座轴线对支承面中心位移	10	钢尺量
5	支座标高	+5	用水准仪

注：H 为桁架、柱的高度；L 为构件长度。

（3）屋面木骨架的安装允许偏差及检验方法应符合表 4-6 的规定。

表 4-6　屋面木骨架的安装允许偏差

<table>
<tr><th>项次</th><th colspan="2">项目</th><th>允许偏差/mm</th><th>检验方法</th></tr>
<tr><td rowspan="5">1</td><td rowspan="5">檩条、椽条</td><td>方木截面</td><td>−2</td><td>钢尺量</td></tr>
<tr><td>原木梢径</td><td>−5</td><td>钢尺量，椭圆时取大小径的平均值</td></tr>
<tr><td>间距</td><td>−10</td><td>钢尺量</td></tr>
<tr><td>方木上表面平直</td><td>4</td><td rowspan="2">沿坡拉线钢尺量</td></tr>
<tr><td>原木上表面平直</td><td>7</td></tr>
<tr><td>2</td><td colspan="2">油毡搭接宽度</td><td>−10</td><td rowspan="2">钢尺量</td></tr>
<tr><td>3</td><td colspan="2">挂瓦条间距</td><td>±5</td></tr>
<tr><td rowspan="2">4</td><td rowspan="2">封山、封檐板平直</td><td>下边缘</td><td>5</td><td rowspan="2">拉 10m 线，不足 10m 拉通线钢尺量</td></tr>
<tr><td>表面</td><td>8</td></tr>
</table>

（4）木屋盖上弦平面横向支撑设置的完整性应按设计文件检查。

检查方法：按施工图检查。

第 5 章 室内装修

5.1 室内骨架隔墙施工

骨架隔墙是指在隔墙龙骨两侧安装墙面板以形成墙体的轻质隔墙，这一类隔墙主要是由龙骨作为受力骨架固定于建筑主体结构上。龙骨骨架中根据隔声或保温设计要求可以设置填充材料，根据设备安装要求安装一些设备管线等。骨架隔墙中龙骨常见的有轻钢龙骨、其他金属龙骨以及木龙骨；墙面板主要有石膏板、硅酸钙板、纤维水泥加压板等。

5.1.1 骨架隔墙施工机具及材料

1. 施工机具

（1）施工机具：射钉枪、冲击钻、砂轮切割机、砂轮磨光机、直流电焊机、电动无齿锯、电动螺丝刀、搅拌器等。

（2）手工工具：螺丝刀、扳手、钳子、锤子、斧子、刮刀、锯子、刨子、靠尺、方尺、水平尺、吊线坠、墨斗、钢直尺、塞尺等。

2. 轻钢龙骨隔墙材料选用

轻钢龙骨与墙面板组合而成的墙体称为轻钢龙骨组合墙体，简称轻钢龙骨隔墙。轻钢龙骨组合墙体主要有轻钢龙骨石膏板隔墙、轻钢龙骨硅酸钙板隔墙和轻钢龙骨纤维水泥加压板隔墙等。

轻钢龙骨产品名称、断面图形及使用范围见表 5-1。

表 5-1　轻钢龙骨产品名称、断面图形及使用范围

序号	产品名称	断面图形	使用范围
1	横龙骨（U 型）	B t A	隔墙与结构主体的连接构件，用做沿顶、沿地龙骨，起固定竖龙骨作用
2	高边横龙骨（U 型）	B t A	隔墙高度超过 4.2m 或防火隔墙与楼板的连接构件
3	竖龙骨（C 型）	B t A	隔墙的主要受力构件，为钉挂面板的骨架。立于上下横龙骨之中。两翼不等边设计时，可以直接对扣，增加龙骨骨架强度
4	通贯龙骨（U 型）	B t A	竖龙骨的水平连接构件（是否采用通贯龙骨根据规范及设计要求而定）
5	贴面墙竖向龙骨	B t A	用于贴面墙系统，作为骨架用来钉挂面板
6	U 型安装夹（支撑卡）	A t B	固定竖向龙骨的构件，距墙距离可调
7	Z 型减振隔声龙骨	A t B	隔声要求较高的场所与 C 型竖龙骨安装方法相同
8	Ω 减振隔声龙骨	A B t	隔声要求较高的场所与 C 型竖龙骨安装方法相同
9	MW 减振隔声龙骨	A B t	隔声墙体专用龙骨，组合特殊板材提高隔声量，可以直接龙骨对扣
10	CH 型龙骨	B t A	电梯井及管道井墙专用的竖龙骨

续表

序号	产品名称	断面图形	使用范围
11	端墙支撑卡	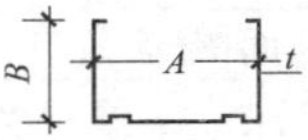 B A t	用于隔墙端部，作为通贯龙骨的端部支撑
12	J型龙骨（不等边龙骨）	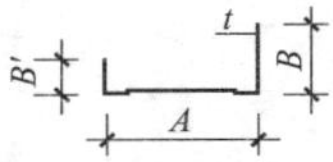 B' t B A	电梯井、管道井横向与结构固定构件
13	E型龙骨	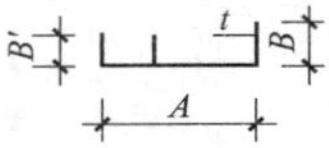 B' t B A	井道墙和建筑结构的连接构件，作为井道墙的边框龙骨
14	平行接头	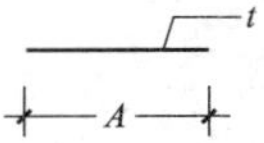 t A	连接竖龙骨的构件，用于面板水平接缝时连接，也可双层使用协助将轻质设备固定到面板上
15	边龙骨	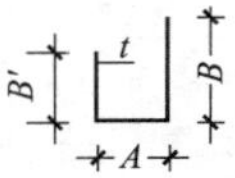 B' t B A	用于贴面墙系统，安装在楼板下和地面上，用来固定覆面龙骨
16	角龙骨（L型）	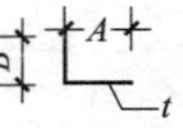 B A t	制作曲面墙时，代替横龙骨固定在结构上，也可作为拱形门窗洞口处板材的固定

轻钢龙骨墙面板的分类、规格及适用范围见表5-2。

表5-2 轻钢龙骨墙面板的分类、规格及适用范围

产品名称	分类	规格/mm	适用范围
石膏板	普通纸面石膏板	2400/3000×1200×12	一般要求隔墙
	耐水纸面石膏板		厨房、卫生间、外贴面砖等
	耐潮纸面石膏板		有防潮要求的部位
	耐火纸面石膏板		有防火要求的部位
	覆膜石膏板	2400/3000×1200×12	内隔墙墙面
硅酸钙板	低密度硅酸钙板	2400×1200×（7～25） 2440×1220×（7～25）	内隔墙面及其他用途
	中密度硅酸钙板		
	高密度硅酸钙板		

续表

产品名称	分类	规格/mm	适用范围
纤维水泥加压板	低密度纤维水泥加压板	1220×2440×（4～20）	厨房、卫生间、外贴面砖等
	中密度纤维水泥加压板	1220×2440×（6～25）	
	高密度纤维水泥加压板	600×600×（4～8）	

5.1.2 轻钢龙骨隔墙施工

1. 轻钢龙骨隔墙构造

轻钢龙骨隔墙的构造组成一般包括沿顶龙骨、沿地龙骨、竖向龙骨、横撑龙骨、通贯龙骨、饰面板等，龙骨及配件的规格、型号、适用范围及构造做法可参阅国家建筑标准设计图集《内装修——墙面装修》（13 J 502—1）。

2. 轻钢龙骨隔墙施工

（1）轻钢龙骨隔墙施工流程：

放线→固定轻钢龙骨→填充岩棉（超细玻璃丝棉）安装墙面板→处理钉孔→处理接缝

（2）轻钢龙骨隔墙施工操作要点：

1）放线：按照设计在墙面、顶面及地面上弹线，标出沿边、沿顶、沿地轻钢龙骨的位置。

2）固定轻钢龙骨：在顶面、地面上固定沿顶、沿地轻钢龙骨，采用膨胀螺栓固定。将竖向轻钢龙骨插入沿顶、沿地龙骨之间，开口方向保持一致。竖龙骨间距一般为300mm、400mm或600mm，应不大于600mm；门、窗等位置设计，不得改变内隔墙竖龙骨定位尺寸，应设附加龙骨进行调整。隔墙高度3m以下用一根通贯龙骨；超过3m时每隔1.2m设置一根通贯龙骨。预埋管道和附墙设备要求与龙骨的安装同步进行，或在另一侧墙面板封板前进行，并采取局部加强措施，固定牢固。在墙中铺设管线时，应避免切断横、竖向龙骨。

3）填充岩棉（超细玻璃丝棉）安装墙面板：如果是单面单层墙体，先填充岩棉（超细玻璃丝棉），再用自攻螺钉将墙面板固定在轻钢龙骨上。如果是双面单层墙体，则先在一侧用自攻螺钉将墙面板固定在轻钢龙骨上，再填充岩棉（超细玻璃丝棉），然后固定另一侧墙面板。固定时从墙面板中间向四周固定，不可多点同时作业。

4）处理钉孔：墙面板安装完毕后，用刮刀将钉孔周围碎屑抹平。在钉孔处涂抹一层防锈漆，防锈漆完全干后，用密封胶填平所有的钉孔，待干 24h。

5）处理接缝：接缝处，要检查墙面板是否与轻钢龙骨可靠固定后，再用填缝剂，刷胶将接缝纸带贴在板缝处，用抹刀刮平压实，待其凝固后用密封胶将接缝覆盖，待密封胶凝固后用砂纸轻轻打磨，使墙面板平整一致。

（3）覆膜石膏板的施工要点：

1）覆膜石膏板的安装方式有黏接法和扣条法。黏接法是用配套成品双面泡棉胶将覆膜石膏板黏接在轻钢龙骨上；扣条法是用配套成品装饰扣条将覆膜石膏板固定在轻钢龙骨上，此方法可拆卸重复利用。

2）用于固定覆膜石膏板的轻钢龙骨应符合《建筑用轻钢龙骨》（GB/T 11981—2008）的要求。固定板边的竖龙骨最大中距为覆膜石膏板宽加 15mm。

3）固定扣条时，用激光水平仪对沿地轻钢龙骨位置找正。

4）根据覆膜石膏板的宽度用自攻螺钉将相应的扣条固定在轻钢龙骨上，钉距不应大于 300mm，钉头平龙骨表面。沿地轻钢龙骨的交接处要根据所用扣条的宽度留出适当的距离。

5）根据竖龙骨的净距离裁切覆膜石膏板，安装覆膜石膏板时，应按背面的箭头方向保证一致，覆膜石膏板的尺寸不大于实际尺寸 5mm。覆膜石膏板要现用现裁，以便调整。有电源开关和插座处，先在覆膜石膏板相应尺寸处开一小孔，待覆膜石膏板安装完毕再开合适的孔洞，以免前期开孔不合适，无法弥补。

6）将裁切好的覆膜石膏板放到安装位置，用橡皮锤将事先锯好的长度约为 100mm 的扣条敲扣在底扣条上做临时固定，扣条间距 600～1000mm。如果覆膜石膏板宽度大于 800mm，则必须在板中间的竖向轻钢龙骨上做黏接处理。

7）待覆膜石膏板一面墙安装完毕后，再正式安装扣条，扣条的安装顺序为先横后竖、先长后短、从左到右，如有阴、阳角时先做阴、阳角。

3. 轻钢龙骨弧形骨架隔墙施工要点

（1）竖向龙骨定位：从画出的装饰隔墙顶面线向底面吊垂直；以垂直线为基准，在顶面与地面之间竖起竖向龙骨，校正好位置后，分别在顶面和地面把竖向龙骨固定起来。根据施工图要求的间距，分别固定好所有的竖向龙骨。

（2）制作横向龙骨：在弧形的装饰隔墙中，横向龙骨一方面是龙骨架的支撑件，另一方面起着造型的作用，所以在圆形或有弧形的装饰墙、柱中，横向龙骨需制作出弧线形，方法如下：将龙骨切割成 V 字口，弯成所需半径的弧度。V 字切口间距一般为 50mm。轻钢龙骨石膏板弧形隔墙示意图如图 5-1 所示。

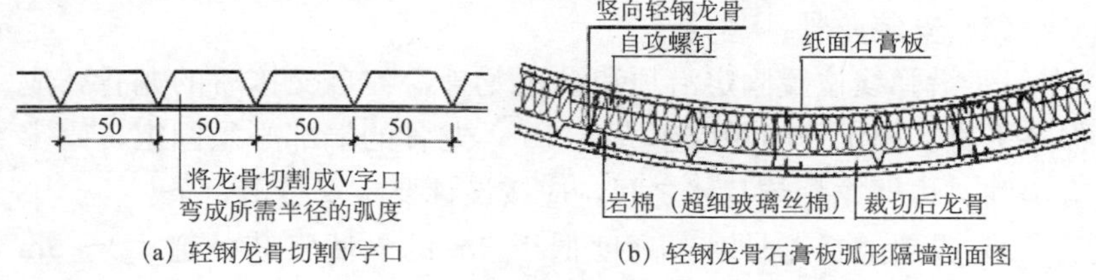

（a）轻钢龙骨切割V字口　　（b）轻钢龙骨石膏板弧形隔墙剖面图

图 5-1　轻钢龙骨石膏板弧形隔墙示意图

（3）横向龙骨与竖向龙骨的连接：连接前，必须在柱顶与地面间设置形体位置控制弧线。控制线主要有吊垂线和水平线。

（4）轻钢龙骨弧形隔墙应根据弯曲半径的不同选用合适的纸面石膏板进行加工，弧度板的加工、龙骨切割和安装等根据实际工程与生产厂家配合。

5.1.3 木龙骨隔断墙施工

1. 木龙骨隔墙构造

木龙骨隔墙是以红、白松木等做骨架，以石膏板或木质纤维板、胶合板等为面板组成的墙体。木龙骨隔墙构造组成一般包括上槛（沿顶龙骨）、下槛（沿地龙骨）、立筋（竖龙骨）、横挡（横撑、横龙骨）、罩面板（饰面板）组成。

2. 木龙骨隔墙施工流程

基层清理→弹线定位→做地枕带（按设计要求）→安装沿顶、沿地龙骨→安装竖向龙骨→安装横龙骨→填充隔声材料（按设计要求）→安装罩面板→预留插座位置并设加强垫木（按设计要求）→罩面板处理

3. 木龙骨隔墙施工操作要点

（1）弹线定位：在基体上弹出水平线和竖向垂直线，以控制隔墙龙骨安装的位置、平直度和固定点。

（2）做地枕带（踢脚座）：当设计有要求时，按设计要求做细石混凝土或砖地枕带。细石混凝土地枕带应支模板，振捣密实。

（3）安装龙骨：

1）沿弹线位置固定沿顶和沿地龙骨，各自交接后的龙骨，应保持平直。固定点间距应不大于 1m，龙骨的端部必须固定，固定应牢固。边框龙骨与基体之间，应按设计要求安装密封条。

2）设置通贯龙骨时，高度低于 3m 的隔墙安装一道，3～5m 的安装两道，5m 以上的安装三道。

3）门窗或特殊节点处，应使用附加龙骨，其安装应符合设计要求。

（4）安装罩面板：龙骨安装完成并验收合格后，即可进行罩面板的安装。安装时从墙的一侧向另一侧进行，板材宜竖向铺设，长边接缝宜落在竖向龙骨上。面板应采用钉固定，钉间距为 80～150mm，钉头略埋入板内 0.5～1mm，钉眼应用油性腻子抹平，钉头应做防锈处理。板与板之间，板与周围的墙或柱之间应留 3mm

的槽口。隔断墙的下端如用木踢脚板覆盖，隔断墙的罩面板下端应离地面 20～30mm；如用大理石、水磨石踢脚时，罩面板下端应与踢脚板上口齐平，接缝要严密。

5.1.4　骨架隔墙施工质量控制

1. 主控项目

（1）骨架隔墙所用龙骨、配件、墙面板、填充材料及嵌缝材料的品种、规格及性能应符合规范及设计要求。有隔声、隔热、防火、防潮等特殊要求的工程材料应有相关的检测报告。检验方法：观察；检查产品合格证书、进场验收记录、性能检测报告和复验报告。

（2）隔墙龙骨必须与墙体结构连接牢固，应平整、垂直、位置正确。检验方法：手扳、尺量检查；检查隐蔽工程验收记录。

（3）隔墙中龙骨间距和连接方法及填充材料的设置应符合规范及设计要求。骨架内设备管线的安装、门窗洞口等部位加强龙骨应安装牢固、位置正确。检验方法：检查隐蔽工程验收记录。

（4）木龙骨及木墙面板的防火和防腐处理必须符合规范及设计要求。检验方法：检查隐蔽工程验收记录。

（5）骨架隔墙的墙面板应安装牢固，无脱层、翘曲、折裂及缺损。检验方法：观察；手扳检查。

（6）墙面板所用接缝材料和接缝方法应符合设计要求。检验方法：观察。

2. 一般项目

（1）骨架隔墙表面应平整光滑、色泽一致、洁净、无裂缝，接缝应均匀、顺直。检验方法：观察；手摸检查。

（2）骨架隔墙上的孔洞、槽、盒应位置正确、套割吻合、边缘整齐。检验方法：观察。

（3）骨架隔墙内的填充材料应干燥，填充应密实、均匀、无下坠。检验方法：轻敲检查；检查隐蔽工程验收记录。

（4）骨架隔墙安装的允许偏差和检验方法应符合表 5-3 的规定。

表 5-3 骨架隔墙安装的允许偏差和检验方法

项次	项目	允许偏差/mm		检验方法
		纸面石膏板	人造木板、硅酸钙板、纤维水泥加压板	
1	立面垂直度	3	4	用 2m 垂直检测尺检查
2	表面平整度	3	3	用 2m 靠尺和塞尺检查
3	阴阳角方正	3	3	用直角检测尺检查
4	接缝直线度	—	3	拉 5m 线，不足 5m 拉通线，用钢直尺检查
5	压条直线度	—	3	拉 5m 线，不足 5m 拉通线，用钢直尺检查
6	接缝高低差	1	1	用钢直尺和塞尺检查

5.2 室内吊顶施工

5.2.1 室内吊顶分类与构造

1. 室内吊顶分类

室内吊顶一般由吊杆、龙骨、饰面材料和相关的连接件组成。吊顶按照龙骨是否外露可分为暗龙骨吊顶和明龙骨吊顶。建筑室内吊顶用龙骨常用的有轻钢龙骨和铝合金龙骨，小型室内吊顶也可采用木龙骨。

2. 轻钢龙骨吊顶构造

轻钢龙骨纸面石膏板整体面层类吊顶通常采用 U 型、C 型轻钢龙骨，配以纸面石膏板组成吊顶系统。如有特殊功能要求，亦可用轻钢龙骨选配水泥加压板、硅酸钙板等板材，或在其表面复合粘贴矿棉板。龙骨及配件的规格、型号、适用范围可参阅国家建筑标准设计图集《内装修——室内吊顶》（12 J 502—2）。龙骨及配件的名称和作用分述如下。

（1）承载龙骨：吊顶龙骨骨架中主要受力构件。

（2）主龙骨：吊顶龙骨骨架中主要受力构件。

（3）次龙骨：吊顶龙骨骨架中连接主龙骨及固定饰面板的构件。

（4）横撑龙骨：吊顶龙骨骨架中起横撑及固定饰面板的构件（轻钢龙骨石膏板吊顶中的次龙骨，包括起横撑作用的次龙骨，这种龙骨通常都采用 C 型龙骨，又称覆面龙骨）。

（5）T 型主龙骨：T 型吊顶龙骨骨架中主要受力构件。

（6）T 型次龙骨：T 型吊顶龙骨骨架中起横撑作用的构件。

（7）H 型龙骨：H 型吊顶龙骨中起固定饰面的构件。

（8）插片：H 型吊顶龙骨中起横撑作用的构件。

（9）边龙骨：L 形边龙骨、阶梯形边龙骨等。

（10）配件：龙骨接长件、转角连接件等构件。

（11）吊杆：吊顶系统中悬吊吊顶龙骨骨架及饰面板的承力构件。

（12）吊件：承载龙骨和吊杆的连接件。

（13）挂件：覆面龙骨和承载龙骨的连接件。

（14）挂插件：覆面龙骨相接的连接件。

3. 轻钢龙骨构造做法

轻钢龙骨石膏板吊顶、矿棉吸声板吊顶，均有单层和双层龙骨两种做法。单层龙骨为龙骨直接吊挂于室内顶部结构，不设承载龙骨，比较简单、经济。轻钢龙骨纸面石膏板双层龙骨吊顶，设有承载龙骨（主龙骨），在承载龙骨（主龙骨）下挂覆面龙骨（次龙骨）。而矿棉吸声板双层龙骨吊顶，上层是承载龙骨（大龙骨），下层吊挂 T 型主龙骨，这种双层龙骨吊顶整体性较好、不易变形。金属板吊顶，一般可不设承载龙骨，通过吊杆将龙骨直接吊装在室内顶部结构上，如加设承载龙骨整体性能更好。

5.2.2 室内吊顶机具和材料保管

1. 机具

(1) 机具：电圆锯、电刨、角磨机、电锤、手电钻、射钉枪、型材切割机、电焊机、电动螺钉旋具等。

(2) 工具：螺钉旋具、扳手、钳子、锤子、斧子、锯子、刨子、吊线坠、水平尺、墨斗、凿子、铝合金靠尺、钢直尺等。

2. 饰面材料运输与保管

(1) 石膏板运输、储存注意事项：

1) 运输中，应避免颠簸，注意防雨。一次吊起最多不得超过两架石膏板，起吊要保持平稳、不得倾斜，确保石膏板两侧边受力均匀。

2) 耐水纸面石膏板不应长期处于潮湿、雨水、暴晒的地方，有特殊防水要求和特别潮湿的场合，应谨慎使用耐水纸面石膏板。

3) 石膏板应储存于干燥和不受阳光直接照射的地方，存放的地面应比较平整，最下面一架与地面之间应加垫条，垫条高100mm左右、宽100～150mm，最高码4架。

(2) 矿棉板搬运、操作和保管：

1) 运输装车时，车厢内要清洁干净，尤其不能有水、油污、硬块等污物；要轻装轻卸，切勿立面堆放，防止一角落地。

2) 运输时绑绳与矿棉板箱接触部位要有护角，以防箱板破损。

3) 运输过程中严禁受潮和雨淋。

4) 运输和存放请注意包装箱上的警示标志。

5) 矿棉板及其配件等，操作时应佩戴清洁的手套，保证板面洁净。

6) 矿棉板及其施工配件应存放于干燥、通风、清洁的室内，以防受潮变形。

7) 在保管时应避免矿棉板的角、棱边及配件受到损伤，堆放时应注意距离墙面40mm以上，用高于地面150mm的木托板架支撑、放平。堆码高度不宜超过 10 层，防止跌落。

5.2.3　轻钢龙骨吊顶施工操作要点

1. 轻钢龙骨吊顶施工流程

顶棚标高弹水平线→划龙骨分档线→安装水电管线→安装主龙骨→安装次龙骨→安装饰面板→安装压条

2. 轻钢龙骨吊顶施工操作要点

（1）弹线：用水准仪在房间内每个墙（柱）角上抄出水平点（若墙体较长，中间也应适当抄几个点），弹出水准线（水准线距地面一般为 500mm），从水准线量至吊顶设计高度加上 12mm（一层石膏板的厚度），用粉线沿墙（柱）弹出水准线，即为吊顶次龙骨的下皮。同时，按吊顶平面图在混凝土顶板弹出主龙骨的位置。主龙骨应从吊顶中心向两边分，最大间距为 1000mm，并标出吊杆的固定点，吊杆的固定点间距 900～1000mm，如遇到梁和管道固定点大于设计和规范要求，应增加吊杆的固定点。

（2）固定吊挂杆件：通常情况下，固定吊挂杆件采用膨胀螺栓固定吊挂杆件，不上人的吊顶，其吊杆长度小于 1000mm，可采用 $\phi 6$ 吊杆，则大于 1000mm，则应采用 $\phi 8$ 吊杆，还要设置反向支撑。吊挂杆件应通直并有足够的承载能力。当预埋的杆件需要接长时，必须搭接焊牢，焊缝要均匀饱满。吊杆距主龙骨端部不得超过 300mm，否则应增加吊杆。吊顶灯具、风口及检修口等应设附加吊杆。

（3）安装边龙骨：在安装边龙骨时应按设计要求弹线，其沿墙上的水平龙骨线把 L 形镀锌轻钢条用自攻螺丝固定在预埋木砖上，而其和混凝土墙（柱）可用射钉固定，间距不可大于吊顶次龙骨的间距。

（4）安装主龙骨：其间距一般在 900～1000mm，应吊挂于吊杆，主龙骨宜平行房间长向安装，同时应起拱，起拱高度为房间跨度的 1/200～1/300。主龙骨的悬臂段不应大于 300mm，否则应增加吊杆。主龙骨的接长应采取对接，相邻龙骨的对接接头要相互错开。

（5）安装次龙骨：次龙骨应紧贴主龙骨安装。次龙骨间距 300～

600mm，并同时符合饰面材料的模数。用T形镀锌铁片连接件把次龙骨固定在主龙骨上时，次龙骨的两端应搭在L形边龙骨的水平翼缘上。墙上应预先标出次龙骨中心线的位置，以便安装罩面板时找到次龙骨的位置，当用自攻螺丝钉安装板材时，板材接缝处必须安装在宽度不小于40mm的次龙骨上。次龙骨不得搭接，在通风、水电等洞口周围应设附加龙骨，附加龙骨的连接用拉铆钉铆固。吊顶灯具、风口及检修口等应设附加吊杆和补强龙骨。

(6) 安装罩面板：

1) 纸面石膏板安装：石膏板的长边应沿纵向次龙骨铺设；自攻螺丝与纸面石膏板边的距离，用面纸包封的板边以10～15mm为宜，切割的板边以15～20mm为宜。饰面板应在自由状态下固定，避免弯棱、凸鼓的现象出现。安装双层石膏板时，面层板与基层板的接缝应错开，不得在一根龙骨上。石膏板的接缝，应按设计要求进行板缝处理。纸面石膏板与龙骨固定，应从一块板的中间向板的四边进行固定，不得多点同时作业。螺丝钉头宜略埋入板面，但不得损坏纸面，钉眼应作防锈处理并用石膏腻子抹平，拌制石膏腻子时，必须用清洁水和清洁容器。

2) 纤维水泥加压板安装：龙骨间距、螺钉与板边的距离及螺钉间距等应满足设计要求和有关产品的要求。纤维水泥加压板与龙骨固定时，所用手电钻钻头的直径应比选用螺钉直径小0.5～1.0mm。固定后，钉帽应作防锈处理，并用油性腻子嵌平。用密封膏、石膏腻子或掺界面剂胶的水泥砂浆嵌涂板缝并刮平，硬化后用砂纸磨光，板缝宽度应小于50mm。板材的开孔和切割，应按产品的有关要求进行。

3) 矿棉板安装：安装前注意矿棉板包装箱外所示生产日期，同一房间应尽可能安装使用相同日期生产的板材。复合粘贴矿棉板的接缝和基底材料的接缝不应重叠。安装中要注意保持矿棉板背面所示箭头方向一致，以保证花型、图案的整体性和方向性。黏结剂均匀涂布，将板材放到既定位置上用专用钉固定。矿棉板上不得放置和安装任何物品。复合粘贴矿棉板施工后72h内，避免碰撞和振动。

3. 跌级吊顶施工操作要点

（1）跌级吊顶构造：吊顶面层在同一标高者为平面吊顶，吊顶面层不在同一标高者称为跌级吊顶。跌级吊顶是指不在同一平面的降标高吊顶，类似阶梯的形式，能够增加室内空间层次感。

（2）跌级吊顶施工操作要点：跌级吊顶施工工艺同轻钢龙骨吊顶施工工艺，其施工操作要点包括：

1）装饰跌级吊顶，先在地面上弹墨线定位，再用悬锤挂线定出其准确位置。

2）跌级部位必须使用龙骨连接，防止石膏板等饰面板开裂。

3）跌级部分的龙骨必须与顶棚的骨架连接为一个整体，必须有足够的强度，防止坍塌。满足承载面板后龙骨不变形、面板不开裂。

4）自攻螺丝间距：端部 150mm，距板边缘 15mm。

5.2.4　木龙骨吊顶施工操作要点

1. 木龙骨吊顶施工程序

抄平弹线→木龙骨下料及处理→钉沿墙龙骨→安装吊杆（管线敷设安装）→安装主龙骨→安装次龙骨→调平→安装饰面板

2. 木龙骨吊顶施工操作要点

（1）抄平弹线：弹线包括标高线、吊顶造型位置线、吊挂点布局线、大中型灯位线。

（2）木龙骨处理：对吊顶用的木龙骨进行筛选，将其中腐蚀部分、斜口开裂、虫蛀等部分剔除。对工程中所用的木龙骨均要进行防火处理，一般将防火涂料涂刷或喷于木材表面，也可把木材放在防火涂料槽内浸渍。对于直接接触结构的木龙骨，如墙边龙骨、梁边龙骨、端头伸入或接触墙体的龙骨应预先刷防腐剂。要求涂刷的防腐剂具有防潮、防蛀、防腐朽的功效。

（3）安装吊杆

1）吊杆固定件的设置应根据设计要求及现场的实际情况选择如下设置方法：用 M8 或 M10 膨胀螺栓将∠25×3 或∠30×3 角铁

固定在现浇楼板底面上；用 $\phi5$ 以上高强射钉将∠40×4 角钢或钢板等固定在现浇楼板的底面上。

2）吊杆与主龙骨的连接通常采用主龙骨钻孔，吊杆下部套丝，穿过主龙骨用螺母紧固。吊杆的上部与吊杆固定件连接一般采用焊接，施焊前拉通线，所有丝杆下部找平后，上部再搭接焊牢。吊杆与上部固定件的连接也可采用在角钢固定件上预先钻孔或预埋的钢板埋件上加焊 $\phi10$ 钢筋环，然后将吊杆上部穿进后弯折固定。

3）吊杆纵横间距按设计要求，原则上吊杆间距应不大于 1000mm。

4）吊杆长度大于 1000mm 时，必须按规范要求设置反向支撑。

5）吊顶灯具、风口及检修口等处应增设附加吊杆。

（4）安装主龙骨：主龙骨的布置要按设计要求，分档划线，分档尺寸尚应考虑与面层板块尺寸相适应。主龙骨常用 50mm×70mm 方料，较大房间采用 60mm×100mm 木方。主龙骨应平行于房间长向安装，同时应起拱，起拱高度为房间跨度的 1/250 左右。主龙骨的悬臂段不应大于 300mm。主龙骨接长采取对接，相邻主龙骨的对接接头要互错开。主龙骨挂好后应基本调平。

（5）安装次龙骨：次龙骨间距应按设计要求，设计无要求时应按罩面板规格决定，一般为 400～500mm。次龙骨一般采用 50mm×50mm 或 40mm×50mm 的木方，底面刨光、刮平、截面厚度应一致。钉中间部分的次龙骨时，应起拱。

（6）管道及灯具固定：吊顶时要结合灯具位置、风扇位置做好预留洞穴及吊钩。当吊顶内有管道或电线穿过时，应预先安装管道及电线，然后再铺设面层，若管道有保温要求，应在完成管道保温工作后，才可封钉吊顶面层。

（7）饰面板的安装：木龙骨吊顶常用的罩面板有装饰石膏板、胶合板、细木工板、木丝板、刨花板等。

1）装饰石膏板饰面：装饰石膏板可用木螺丝与木龙骨固定。木螺丝与板边距离应不小于 15mm，间距以 170～200mm 为宜，并均匀布置。螺钉帽应嵌入石膏板深度 1mm 为宜，并应涂刷防锈涂料，钉眼用腻子找平，再用与板面颜色相同的色浆涂刷。

2）胶合板饰面：铺胶合板时，应沿房间的中心线或灯框的中心线顺线向四周展开，光面向下。胶合板对缝时，应弹线对缝，可采用V形缝，也可采用平缝，缝宽6～8mm。顶棚四周应钉压缝条，以免龙骨收缩，顶棚四周出现沿墙离缝。板块间拼缝应均匀平直，线条清晰。钉胶合板时，钉距80～150mm。钉帽要敲扁，送进板面0.5～1mm。胶合板应钉得平整，四角方正，不应有凹陷和凸起。胶合板顶棚以涂刷聚氨酯清漆为宜。

3）其他人造板饰面。其他人造板顶棚主要包括细木工板、木丝板、刨花板等。板安装时，一般多用压条固定，其板与板间隙要求3～5mm。如不采用压条固定而采用钉子固定时，最好采用半圆头木螺钉，并加垫圈。钉距100～120mm，钉距应一致纵横成线，以提高装饰效果。

5.2.5　吊顶工程施工质量控制

1. 暗龙骨吊顶工程

（1）主控项目：

1）饰面标高、尺寸、起拱和造型应符合设计要求。检验方法：观察；尺量检查。

2）饰面材料的材质、品种、规格、图案和颜色应符合设计要求。检验方法：观察；检查产品合格证书、性能检测报告、进场验收记录和复验报告。

3）暗龙骨吊顶工程的吊杆、龙骨和饰面材料的安装必须牢固。检验方法：观察；手扳检查；检查隐蔽工程验收记录和施工记录。

4）吊杆、龙骨的材质、规格、安装间距及连接方式应符合设计要求。金属吊杆、龙骨应经过表面防腐处理；木吊杆、龙骨应进行防腐、防火处理。检验方法：观察；尺量检查；检查产品合格证书、性能检测报告、进场验收记录和隐蔽工程验收记录。

5）石膏板的接缝应按其施工工艺标准进行板缝防裂处理。安装双层石膏板时，面层板与基层板的接缝应错开，并不得在同一根龙骨上接缝。检验方法：观察。

(2) 一般项目:

1) 饰面材料表面应洁净、色泽一致，不得有翘曲、裂缝及缺损。压条应平直、宽窄一致。检验方法：观察；尺量检查。

2) 饰面板上的灯具、烟感器、喷淋头、风口篦子等设备的位置应合理、美观，与饰面板的交接应吻合、严密。检验方法：观察。

3) 金属吊杆、龙骨的接缝应均匀一致，角缝应吻合，表面应平整，无翘曲、锤印。木质吊杆、龙骨应顺直，无劈裂、变形。检验方法：检查隐蔽工程验收记录和施工记录。

4) 吊顶内填充吸声材料的品种和铺设厚度应符合设计要求，并应有防散落措施。检验方法：检查隐蔽工程验收记录和施工记录。

5) 暗龙骨吊顶工程安装的允许偏差和检验方法应符合表 5-4 的规定。

表 5-4 暗龙骨吊顶工程安装的允许偏差和检验方法

项次	项目	允许偏差/mm				检验方法
		纸面石膏板	金属板	矿棉板	木板、塑料板、格栅	
1	表面平整度	3	2	2	2	用 2m 靠尺和塞尺检查
2	接缝直线度	3	1.5	3	3	拉 5m 线，不足 5m 拉通线，用钢直尺检查
3	接缝高低差	1	1	1.5	1	用钢直尺和塞尺检查

2. 明龙骨吊顶工程

(1) 主控项目:

1) 吊顶标记、尺寸、起拱和造型应符合设计要求。检验方法：观察；尺量检查。

2) 饰面材料的材质、品种、规格、图案和颜色应符合设计要求。当饰面材料为玻璃板时，应使用安全玻璃或采取可靠的安全措施。检验方法：观察；检查产品合格证书、性能检测报告和进场验收记录。

3) 饰面材料的安装应稳固严密。饰面材料与龙骨的搭接宽度应大于龙骨受力面宽度的 2/3。检验方法：观察；手扳检查；尺量检查。

4）吊杆、龙骨的材质应进行表面防腐处理；木龙骨应进行防腐、防火处理。检验方法：观察；尺量检查；检查产品证书、进场验收记录和隐蔽工程验收记录。

5）明龙骨吊顶工程的吊杆和龙骨安装必须牢固。检验方法：手扳检查；检查隐蔽工程验收记录和施工记录。

（2）一般项目：

1）饰面材料表面应洁净、色泽一致，不得有翘曲、裂缝及缺损。饰面板与明龙骨的搭接应平整、吻合，压条应平直、宽窄一致。检验方法：观察；尺量检查。

2）饰面板上的灯具、烟感器、喷淋头、风口篦子等设备的位置应合理、美观，与饰面板的交接应吻合、严密。检验方法：观察。

3）金属龙骨的接缝应平整、吻合、颜色一致，不得有划伤、擦伤等表面缺陷。木质龙骨应平整、顺直，无劈裂。检验方法：观察。

4）吊顶内填充吸声材料的品种和铺设厚度应符合设计要求，并应有防散落措施。检验方法：检查隐蔽工程验收记录和施工记录。

5）明龙骨吊顶工程安装的允许偏差和检验方法应符合表 5-5 的规定。

表 5-5　明龙骨吊顶工程安装的允许偏差和检验方法

项次	项目	允许偏差/mm				检验方法
		石膏板	金属板	矿棉板	塑料板、玻璃板	
1	表面平整度	3	2	3	2	用 2m 靠尺和塞尺检查
2	接缝直线度	3	2	3	3	拉 5m 线，不足 5m 拉通线，用钢直尺检查
3	接缝高低差	1	1	2	1	用钢直尺和塞尺检查

5.3 室内地板施工

室内地板，即房屋地面或楼面的表面层。由木材或其他材料做成。本节主要介绍木地板、竹地板、塑料地板的施工。

5.3.1 木地板施工

1. 施工机具

电动工具：刨地板机、砂带机、电锯、螺机、电刨、磨光机、水平仪等。

手工工具：手锯、刀锯、墨斗、钢卷尺、水平尺、角尺、铅笔、拉线绳、锤子、斧子、橡皮锤、螺丝刀、钳子、扁凿、手刨、刷子、钢丝刷等。

2. 木地板分类与性能特点

木地板分类、性能特点及见表5-6。

表5-6 木地板分类、性能特点

分类	类别	基本特点	性能特点
实木(竹)地板	平口实木地板	长方形条块，生产工艺简单	具有天然纹理、弹性良好、脚感舒适；天然缺欠：易虫蛀、易燃、胀缩变形
	企口实木地板	板面长方形，一侧榫一侧有槽，背面有抗变形槽	
	拼花实木地板	由多块木条按一定图案拼成方形，生产工艺要求高	
	竖木地板	以木材横截面为板面，加工中改性处理，耐磨性较高	
	指接地板	由宽度相等、长度不等的小木板条指接而成，不易变形	
	集成地板	由宽度相等的小木板指接再横拼，性能稳定，天然美感	
实木(竹)复合地板	企口型复合木地板	由三层或多层纵横交错、经过防虫、防霉处理的木材单板做基材逐层压合而成	保留了天然实木地板的优点，少变形、不开裂
	锁扣免胶型复合木地板		
	竹片竹条复合地板		

续表

分类	类别	基本特点	性能特点
强化地板	标准强化地板	耐磨层耐磨转数高于 6000 转	质硬、耐磨，变形小、不开裂，榫槽插接方式易于安装，并无须打蜡保养
	耐磨强化地板	耐磨层耐磨转数高于 9000 转	
软木地板	粘贴式软木地板	粘贴式软木地板由（由上至下）耐磨面层（树脂/UV 漆）、软木薄板、合成软木基层、树脂平衡层（兼防潮作用）组成	脚感舒适、弹性好、绝热、减振、吸声、耐磨
	锁扣式软木地板	锁扣式软木地板由（由上至下）树脂耐磨面层，软木薄板，合成软木基层，高密度的纤维板（HDF），用于平衡作用的夹板底层（或软木垫层）组成	

3. 木地板楼（地）面构造及铺装形式

（1）木地板楼（地）面构造：木地板的铺设方式分为平铺和架空两种。相对于平铺式的木地板铺设方法，架空式铺设的木地板可以获得更好的脚感和舒适度。架空式实木地板在铺装过程中应根据使用地区在架空层放置驱虫药剂或樟木碎块以起到驱虫效果。在架空层与木地板表层之间也可增加 1～2 层衬板（毛地板）可获得更好的脚感和表面平整度，衬板与地板成 45°斜铺。木地板楼（地）面构造如图 5-2 所示。

（2）木地板铺装形式有错缝拼、人字拼、十字拼、各种拼花等。

4. 木地板施工要点

（1）木地板施工流程：

1）平铺木地板施工流程：

检验木地板质量→技术交底→基层处理→铺木地板衬板→铺泡沫塑料衬垫→铺木地板→清理验收

2）架空木地板施工流程：

检验木地板质量→技术交底→基层处理→安装木龙骨→铺木地板衬板→铺泡沫塑料衬垫→铺木地板→清理验收

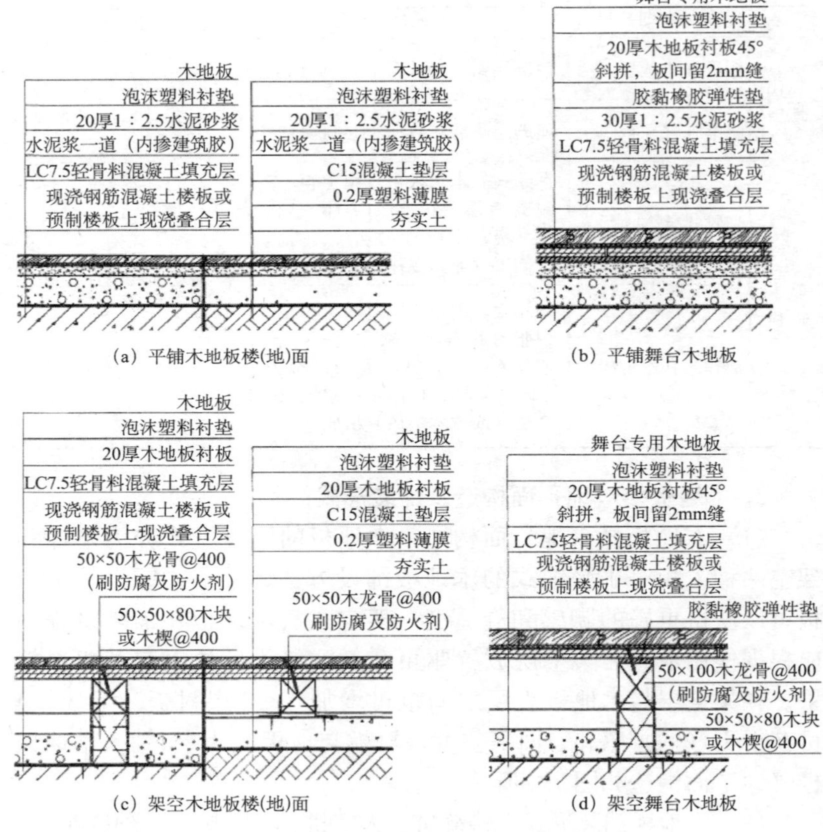

(a) 平铺木地板楼(地)面　　(b) 平铺舞台木地板

(c) 架空木地板楼(地)面　　(d) 架空舞台木地板

图 5-2　木地板楼（地）面构造图

（2）木地板铺装要点：

1）技术交底：对施工技术要求、质量要求、职业安全、环境保护及应急措施等进行交底。

2）基层处理：基层表面应平整、坚硬、干燥、密实、洁净、无油脂及其他杂质，不得有麻面、起砂裂缝等缺陷；与厕浴间、厨房等潮湿场所相邻的木质面层连接处应做防水（防潮）处理；底层底面应做相应的防潮处理。根据设计要求和墙面的标高线确定底面的标高，并在四周墙上弹出水平线。

3）安装木龙骨（架空铺设方式）：如为架空木地板，先在楼（地）面上弹出木龙骨的安装位置线（间距 400mm 或按设计要求）及标高，将龙骨（断面梯形，宽面在下）放平、放稳，并找好标高，用膨胀螺栓和角码（角钢上钻孔）把龙骨牢固固定在基层上，木龙骨下与基层间缝隙用木块或木楔塞实，刷防腐及防火剂。木龙骨应垫实钉牢，与墙之间应留出 30mm 的缝隙，表面应平直。

4）铺木地板衬板：根据设计要求将衬板（毛地板）下好料。如为架空木地板，将毛地板牢固钉在木格栅上，钉法采用直钉和斜钉混用，直钉钉帽不得突出板面。毛地板可采用条板，也可采用整张的细木工板或中密度板等类产品。毛地板铺设时，木材髓心应向上，其板间缝隙不应大于 3mm，与墙之间应留 8～12mm 的空隙，表面应刨平。

5）铺泡沫塑料衬垫：将衬垫铺平用胶黏剂点涂固定在基底或衬板上，防潮膜接头应重叠 200mm，四边往上弯。隐蔽验收合格后进入下道工序。

6）铺木地板：

①实木（竹）地板：

a. 实木（竹）地板应采用符合国家现行标准的优等品。

b. 实木（竹）地板与木龙骨固定时应采用配套木地板钉钉牢。钉的长度应为面板厚度的 2 ～2.5 倍，并从地板企口凸槽处斜向钉入木地板内，钉头不能露出。钉子的间距根据地板种类和施工工艺确定（条件允许最好用木螺钉）。

c. 实木（竹）地板的吸水率大于复合木地板，木龙骨的铺设方向应与实木地板的铺设方向垂直。

d. 为防潮效果更好，木龙骨上应再铺设专用防潮垫层。

e. 应严格控制实木地板及木龙骨的含水率，待两者均干燥后再铺设。

f. 根据木地板尺寸调整木龙骨间距。

g. 竹地板斜向固定钉的要求：当竹地板长度为 600mm 时不得少于 2 只；为 1000mm 时不得少于 3 只；为 1500mm 时不得少于 4

只；超过 1500mm 时不得少于 5 只。

②实木（竹）复合地板：

a. 复合（多层）木地板的厚度 8～25mm 不等，厚度不同其结构及铺装方法也不同。

b. 复合木地板的厚度在 7～15mm 时可直接铺在干燥水平的地面上，并加铺专用防潮垫层。

c. 铺设木地板时板端接缝应间隔错开，错开长度不小于 300mm 地板长边铺设。面层周边与墙体之间应预留 5～10mm 缝隙。

d. 企口型复合木地板铺设，应采用配套专用胶，质量稳定可靠的产品。地板胶应均匀打在凸槽的上方，不得漏涂，应用湿棉丝擦除多余胶处，面上不得有胶痕。

e. 锁扣免胶型复合木地板直接采用斜插式安装。

③强化地板及软木地板：强化地板及软木地板的错缝拼接要求、用胶要求、与四周墙体留缝要求均同复合木地板。

④舞台木地板：

a. 舞台用木地板分单层（30～50 厚）、双层（ 50 厚）两种做法，以松木或杉木为宜。

b. 架空舞台木地板用木龙骨宜选用 50mm×80mm ，中距不超过 400mm，厚硬木长条地板衬板四周用 30mm×20mm 硬木压条封边。

5. 木踢脚板安装要点

踢脚板，又称踢脚线，是室内装饰中墙面与地面过渡衔接的装修部件。踢脚能掩盖地面接缝，在地面清扫时能保护墙面不受污染或撞击。踢脚板高度一般为 80～150mm。木踢脚包括实木踢脚和复合木踢脚。踢脚板应在木地板面层磨光后安装。

当房间设计为实木踢脚板时，踢脚应预先刨光，在靠墙的一面开成凹槽，并做防腐处理。在墙上打孔，间距 300mm 钉入防腐木楔，在木楔上钉基层板，然后把踢脚线用胶粘在基层板上。踢脚线接缝处用钉从侧口固定，保证表面无痕迹。踢脚线板面要垂直，上口平直。踢脚线上口出墙厚度应控制在 10～20mm。钉踢脚线前将地板与墙间隙内的木楔和杂物清理干净。在踢脚板与地面交角处，钉上 1/4 圆木条，以盖住缝隙。

铺钉单层踢脚板，踢脚板应提前刨平、磨光。按房间大小配料，加工好接榫。把踢脚板钉在墙脚预埋的防腐木砖上，圆钉的钉帽砸扁，使之与墙面抹灰面密贴，要求齐直，转角方正。预埋木砖间距 500mm 左右。踢脚线板面要垂直，上口平直。踢脚线上口出墙厚度应控制在 10～15mm。

踢脚板安装完后，每隔 1m 钻直径 6mm 的通气孔，上面加铝、镀锌、不锈钢金属篦子，再用镀锌螺丝与踢脚线拧牢。

5.3.2　塑料地板施工

1. 塑料地板施工机具和材料

（1）塑料地板施工机具：塑料板块焊接机、计量器、桶、刮胶板、钢压辊、割刀、钢尺、水平尺、粉线包、橡皮锤、刷子等。

（2）塑料地板材料：聚氯乙烯（PVC）地板即塑料地板。PVC 地板是以聚氯乙烯及其共聚树脂为主要原料，加入填料、增塑剂、稳定剂、着色剂等辅料，在片状连续基材上，经涂敷工艺或经压延、挤出或挤压工艺生产的，具有脚感舒适、花色图案多、遇水不滑、耐磨、耐污染、材质轻、易清洁保养、安装快捷等特点。塑料地板从形态上有卷材和片材两种形式。

2. 塑料地板铺装要点

（1）地坪检测：使用温度湿度计检测温湿度，室内温度以及地表温度以 15℃为宜，不应在 5℃以下及 30℃以上施工。宜于施工的相对空气湿度应在 20%～75%。使用含水率测试仪检测基层的含水率，基层含水率应小于 3% 。基层应平整、干燥、坚固、没有灰尘和污浊，基层如有空鼓的情况，应把空鼓起层的地面剔掉，重新修补地面。

（2）地坪预处理：采用地坪打磨机配适当的磨片对地坪进行整体打磨，除去油漆、胶水等残留物，凸起和疏松的地块，有空鼓的地块也必须去除。对地坪进行吸尘清洁，裂缝应采取修补措施。

（3）预铺及裁割：

1）卷材、块材都应在现场放置 48h，使材料温度与施工现场基本保持一致。

2）使用专用的修边器对卷材的接缝边进行切割清理。

3）块材铺设时，两块材料之间应紧贴，接缝密实。

4）卷材铺设时，两块材料的搭接处应采用重叠切割，一般要求重叠 25mm。

（4）粘贴：

1）选择适合弹性地材的专用胶黏剂及刮胶板。

2）卷材铺贴时，将卷材的一端卷折起来。先清扫地坪和卷材背面，然后刮胶于地坪之上。

3）块材铺贴时，将块材从中间向两边翻起，将地面及地板背面清洁后上胶粘贴。

4）不同的胶黏剂在施工中要求会有所不同，具体可参照具体产品说明书进行施工。

（5）排气、滚压：

1）地板粘贴后，先用软木块推压地板表面进行平整，并挤出空气。随后用 50kg 或 75kg 的钢压辊均匀滚压地板，并及时修整拼接处的翘边。

2）地板表面多余的胶黏剂应及时擦去。

3）聚氯乙烯地板 24h 后再进行开槽和焊缝。开槽必须在胶水完全固化后进行。用专用的开槽器沿接缝处进行开槽，为使焊接牢固，开槽不应透底，一般开槽深度为地板厚度的 2/3 。在开缝器无法开刀的末端部位，使用手动开槽器以同样的深度和宽度开缝。

（6）清洁、保养：

1）应选用相应的清洁剂进行定期的清洁保养。

2）应避免甲苯、香蕉水之类的高浓度溶剂及强酸、强碱溶液倾倒在地板表面；应避免使用不适当的工具和锐器刮铲或损伤地板表面。

3. 塑料踢脚板安装要点

地面铺贴完再粘贴踢脚板。踢脚塑料板与墙面基层涂胶同地面。首先将塑料条钉在墙内预留的木砖上，钉距 400～500mm，然后用焊枪喷烤塑料条，随即将踢脚板与塑料条黏结。阴角塑料踢脚板铺贴时，先将塑料板用两块对称组成的木模顶压在阴角处，然后取掉一块木模，在塑料板转折重叠处，划出剪裁线，剪裁合适后，再把水平面 45°相交处裁口焊好，做成阴角部件，然后进行焊接或黏结。阳角踢脚板铺贴时，在水平封角裁口处补焊一块软板，做成阳角部件，然后进行焊接或黏结。

5.3.3　地板工程施工质量控制

1. 实木地板、实木集成地板、竹地板面层

(1) 主控项目：

1) 实木地板、实木集成地板、竹地板面层采用的地板、铺设时的木（竹）材含水率、胶黏剂等应符合设计要求和国家现行有关标准的规定。检验方法：观察检查和检查型式检验报告、出厂检验报告、出厂合格证。

2) 实木地板、实木集成地板、竹地板面层采用的材料进入施工现场时，应有以下有害物质限量合格的检测报告：①地板中的游离甲醛（释放量或含量）；②溶剂型胶黏剂中的挥发性有机化合物（VOC）、苯、甲苯＋二甲苯；③水性胶黏剂中的挥发性有机化合物（VOC）和游离甲醛；检验方法：检查检测报告。

3) 木龙骨（搁栅）、垫木和垫层地板等应做防腐、防蛀处理。检验方法：观察检查和检查验收记录。

4) 木龙骨安装应牢固、平直。检验方法：观察、行走、钢尺材料等检查和检查验收记录。

5) 面层铺设应牢固；粘贴应无空鼓、松动。检验方法：观察、行走或用小锤轻击检查。

（2）一般项目：

1）实木地板、实木集成地板面层应刨平、磨光，无明显刨痕和毛刺等现象；图案应清晰、颜色应均匀一致。检验方法：观察、手摸和行走检查。

2）竹地板面层的品种与规格应符合设计要求，板面应无翘曲。检验方法：观察、用 2m 靠尺和楔形塞尺检查。

3）面层缝隙应严密；接头位置应错开，表面应平整、洁净。检验方法：观察检查。

4）面层采用粘、钉工艺时，接缝应对齐，粘、钉应严密；缝隙宽度应均匀一致；表面应洁净，无溢胶现象。检验方法：观察检查。

5）踢脚线应表面光滑，接缝严密，高度一致。检验方法：观察和用钢尺检查。

6）实木地板、实木集成地板、竹地板面层的允许偏差和检验方法应符合表 5-7 的规定。

表 5-7 木、竹面层的允许偏差和检验方法

<table>
<tr><th rowspan="3">项次</th><th rowspan="3">项目</th><th colspan="4">允许偏差/mm</th><th rowspan="3">检验方法</th></tr>
<tr><th colspan="3">实木地板、实木集成地板、竹地板面层</th><th rowspan="2">强化地板、实木复合地板、软木地板</th></tr>
<tr><th>松木地板</th><th>硬木地板、竹地板</th><th>拼花地板</th></tr>
<tr><td>1</td><td>板面缝隙宽度</td><td>1.0</td><td>0.5</td><td>0.2</td><td>0.5</td><td>用钢尺检查</td></tr>
<tr><td>2</td><td>表面平整度</td><td>3.0</td><td>2.0</td><td>2.0</td><td>2.0</td><td>用 2m 靠尺和楔形塞尺检查</td></tr>
<tr><td>3</td><td>踢脚线上口平齐</td><td>3.0</td><td>3.0</td><td>3.0</td><td>3.0</td><td rowspan="2">拉 5m 线和用钢尺检查</td></tr>
<tr><td>4</td><td>板面拼缝平直</td><td>3.0</td><td>3.0</td><td>3.0</td><td>3.0</td></tr>
<tr><td>5</td><td>相邻板材高差</td><td>0.5</td><td>0.5</td><td>0.5</td><td>0.5</td><td>用钢尺和楔形塞尺检查</td></tr>
<tr><td>6</td><td>踢脚线与面层的接缝</td><td colspan="4">1.0</td><td>楔形塞尺检查</td></tr>
</table>

2. 实木复合地板面层

（1）主控项目：

1）实木复合地板面层采用的地板、胶黏剂等应符合设计要求和国家现行有关标准的规定。检验方法：观察检查和检查型式检验报告、出厂检验报告、出厂合格证。

2）实木复合地板面层采用的材料进入施工现场时，有害物质限量合格的检测报告项目标准、检验方法同实木地板面层。

3）木龙骨、垫木和垫层地板等应做防腐、防蛀处理。检验方法同实木地板面层。

4）木龙骨安装应牢固、平直。检验方法：观察、行走、钢尺测量等检查和检查验收记录。

5）面层铺设应牢固；粘贴应无空鼓、松动。检验方法：观察、行走或用小锤轻击检查。

（2）一般项目：

1）实木复合地板面层图案和颜色应符合设计要求，图案应清晰，颜色应一致，板面应无翘曲。检验方法：观察、用 2m 靠尺和楔形塞尺检查。

2）面层缝隙应严密；接头位置应错开，表面应平整、洁净。检验方法：观察检查。

3）面层采用粘、钉工艺时，接缝应对齐，粘、钉应严密；缝隙宽度应均匀一致；表面应洁净，无溢胶现象。检验方法：观察检查。

4）踢脚线应表面光滑，接缝严密，高度一致。检验方法：观察和用钢尺检查。

5）实木复合地板面层的允许偏差和检验方法应符合相关规定。

3. 强化复合木地板面层（浸渍纸层压木质地板面层）

（1）主控项目：

1）浸渍纸层压木质地板面层采用的地板、胶黏剂等应符合设计要求和国家现行有关标准的规定。检验方法：观察检查和检查型式检验报告、出厂检验报告、出厂合格证。

2）浸渍纸层压木质地板面层采用的材料进入施工现场时，有害物质限量合格的检测报告项目标准、检验方法同实木地板面层。

3）木龙骨、垫木和垫层地板等应做防腐、防蛀处理；其安装应牢固、平直，表面应洁净。检验方法同实木地板面层。

4）面层铺设应牢固、平整；粘贴应无空鼓、松动。检验方法：观察、行走、钢尺测量、用小锤轻击检查。

（2）一般项目：

1）浸渍纸层压木质地板面层的图案和颜色应符合设计要求，图案应清晰，颜色应一致，板面应无翘曲。检验方法：观察、用2m靠尺和楔形塞尺检查。

2）面层的接头应错开、缝隙应严密、表面应洁净。检验方法：观察检查。

3）踢脚线应表面光滑，接缝严密，高度一致。检验方法：观察和用钢尺检查。

4）浸渍纸层压木质地板面层的允许偏差和检验方法应符合相关规定。

4. 软木类地板面层

（1）主控项目：

1）软木类地板面层采用的地板、胶黏剂等应符合设计要求和国家现行有关标准的规定。检验方法：观察检查和检查型式检验报告、出厂检验报告、出厂合格证。

2）软木类地板面层采用的材料进入施工现场时，有害物质限量合格的检测报告项目标准、检验方法同实木地板面层。

3）木搁栅、垫木和垫层地板等应做防腐、防蛀处理；其安装应牢固、平直，表面应洁净。检验方法同实木地板面层。

4）软木类地板面层铺设应牢固；粘贴应无空鼓、松动。检验方法：观察、行走检查。

（2）一般项目：

1）软木类地板面层的拼图、颜色等应符合设计要求，板面应无翘曲。检查方法：观察，2m靠尺和楔形塞尺检查。

2）软木类地板面层缝隙应均匀，接头位置应错开，表面应洁净。检查方法：观察检查。

3）踢脚线应表面光滑，接缝严密，高度一致。检验方法：观察和用钢尺检查。

4）软木类地板面层的允许偏差和检验方法应符合相关规定。

5. 塑料地板

（1）主控项目：

1）塑料板面层所用的塑料板块、塑料卷材、胶黏剂等应符合设计要求和国家现行有关标准的规定。检验方法：观察检查和检查型式检验报告、出厂检验报告、出厂合格证。

2）塑料板面层采用的胶黏剂进入施工现场时，有害物质限量合格的检测报告项目标准、检验方法同实木地板面层。

3）面层与下一层的粘结应牢固，不翘边、不脱胶、无溢胶（单块板块边角允许有局部脱胶，但每自然间或标准间的脱胶板块不应超过总数的5%；卷材局部脱胶处面积不应大于20cm^2，且相隔间距应大于或等于50cm）。检验方法：观察、敲击及用钢尺检查。

（2）一般项目：

1）塑料板面层应表面洁净，图案清晰，色泽一致，接缝应严密、美观。拼缝处的图案、花纹应吻合，无胶痕；与柱、墙边交接应严密，阴阳角收边应方正。检验方法：观察检查。

2）板块的焊接，焊缝应平整、光洁，无焦化变色、斑点、焊瘤和起鳞等缺陷，其凹凸允许偏差不应大于0.6mm。焊缝的抗拉强度应不小于塑料板强度的75%。检验方法：观察检查和检查检测报告。

3）镶边用料应尺寸准确、边角整齐、拼缝严密、接缝顺直。检验方法：观察和用钢尺检查。

4）踢脚线宜与地面面层对缝一致，踢脚线与基层的黏合应密实。检验方法：观察检查。

5）塑料板面层的允许偏差和检验方法应符合表 5-8 的规定。

表 5-8 塑料板面层的允许偏差和检验方法

项次	项目	表面平整度	缝格平直	接缝高低差	踢脚线上口平直	板块间隙宽度
1	允许偏差/mm	2.0	3.0	0.5	2.0	—
2	检验方法	用 2m 靠尺和楔形塞尺检查	拉 5m 线和用钢尺检查	用钢尺和楔形塞尺检查	拉 5m 线和用钢尺检查	用钢尺检查

5.4 室内墙面装饰施工

5.4.1 木饰墙面构造

1. 施工机具与材料要求

（1）主要机具：

1）电动机具：小台锯、小台刨、手电钻、射枪。

2）手持工具：木刨子（大、中、小）、槽刨、木锯、刀锯、斧子、锤子、平铲、冲子、螺丝刀、角度尺、割角尺、小钢尺、靠尺板、线坠、墨斗等。

（2）材料要求：

1）木材的树种、材质等级、规格应符合设计图纸要求及有关施工及验收规范的规定。

2）龙骨料一般用红、白松烘干料，含水率不大于 12%，材质不得有腐朽、超断面 1/3 的节疤、壁裂、扭曲等疵病，并预先经防腐处理。

3）面板一般采用胶合板（切片板或旋片板），厚度不小于 3mm（也可采用其他贴面板材），颜色、花纹要尽量相似。用原木材作面板时，含水率不大于 12%，板材厚度不小于 15mm；要求拼接的板面、板材厚度不少于 20mm，且要求纹理顺直、颜色均匀、花纹近似，不得有节疤、裂缝、扭曲、变色等疵病。

4）辅料：

防潮卷材：油纸、油毡，也可用防潮涂料。

胶黏剂、防腐剂：乳胶、氟化钠（纯度应在 75%以上，不含游离氟化氢和石油沥青）。

钉子：长度规格应是面板厚度的 2～2.5 倍；也可用射钉。

2. 木饰墙面构造

以木制护壁墙裙为例介绍木饰墙面构造。木质护壁墙裙是在墙的四周距地一定高度范围之内用装饰面板、木线条等材料制作。除具有一定的装饰目的外，也具有避免墙体污浊或损坏的作用。因此，在材料选择上通常选用耐磨性、耐腐蚀性、可擦洗等方面优于原墙面的材质。

5.4.2 木质护壁墙裙的施工做法

木饰面护壁墙裙有干挂式和钉黏式两种安装做法。

1. 木饰面护壁墙裙干挂式安装要点

(1) 按照设计要求，分别在顶面、地面上弹线确定沿顶、沿地轻钢龙骨的位置。

(2) 分别在顶面、地面用膨胀螺栓固定沿顶、沿地轻钢龙骨。固定点间距应不大于 600mm，端头位置应不大于 300mm。

(3) 根据墙面高度，在垂直基准线上确定 U 型安装夹（支撑卡）的位置，采用膨胀螺栓与墙面固定，横向间距应与竖向轻钢龙骨一致，竖向间距应不大于 600mm。

(4) 将竖向轻钢龙骨卡入 U 型安装夹（支撑卡）两翼之间，并插入沿顶、沿地轻钢龙骨之间。

(5) 调整并校正轻钢龙骨垂直度。

(6) 用自攻螺钉或拉铆钉将竖向轻钢龙骨的两翼固定，弯折 U 型安装夹（支撑卡）的两翼，使其不影响面板的安装。

(7) 检查所安装轻钢龙骨，合格后满铺阻燃板基层。

(8) 在阻燃板基层上安装金属连接件，根据木质护壁墙裙挂板挂件的位置，在背板上固定金属连接件，由下至上安装木质护壁墙裙。

2. 木饰面护壁墙裙钉黏式安装要点

(1) 轻钢龙骨墙面应符合相关规范要求，钉黏木饰面护壁墙裙时，应检查基层墙面的平整度和垂直度。

（2）将墙裙板和分隔木线按顺序插进脚线，黏钉分隔木线，企口式可直接插装。企槽式插一块裙板及一块分隔线，然后在封顶木线上涂胶黏钉：台阶式和平板式（宽 300～600mm）采取插好裙板封顶，然后涂胶黏钉分隔木线，最后涂胶封钉口、补漆，将挤出的胶料擦净。分隔木线钉待固化后可以拔掉。

5.4.3 金属、塑料饰面板施工要点

1. 金属装饰板施工要点

（1）金属装饰板施工流程：

放线→固定角钢固定件→固定竖向龙骨→安装配套槽铝→安装金属装饰板→填缝→清洁→验收

（2）金属装饰板施工要点：

1）放线：在施工安装前根据设计图纸对现场进行定位放线，用红外线水平仪将竖向龙骨的位置弹到墙面上。竖向龙骨间距与金属装饰板规格尺寸一致，减少现场切割。

2）固定角钢固定件：按竖向龙骨位置确定角钢固定件位置，用膨胀螺栓在墙面上固定角钢固定件，角钢固定件应提前打好孔。

3）固定竖向龙骨：角钢固定件、竖向龙骨应预先进行防腐、防锈处理。竖向龙骨和角钢固定件采用螺栓固定，安装位置应准确、结合牢固。安装完应检查、测量调整，以保证墙面完成后符合要求。

4）安装配套槽铝：根据墙面安装金属装饰板的位置，将配套槽铝采用自攻螺钉安装在相应的位置。配套槽铝固定后中间采用螺栓固定做金属装饰板挂点。

5）安装金属装饰板：安装前应对配套槽铝进行检查、测量、调整，检查无误后挂装金属装饰板，安装时左右上下的偏差不应大于 1.5mm。金属装饰板安装完毕，在易于被污染的部位，用塑料薄膜或其他材料覆盖保护。

6）填缝：面板安装完成，将板面四周的保护膜撕开，在板四周贴上单面胶带纸，将填充橡胶条塞入板缝内并均匀地打上密封

胶，待胶干后，将胶带纸和保护膜一起撕下。

7）清洁：金属装饰板安装完毕后，应从上向下地清洗，防止表面装饰发生异常所用清洁剂应对构件无腐蚀作用，洗涤后应及时用清水冲洗干净。

2. 塑料装饰墙板施工要点

塑料装饰墙板是在 PVC 树脂和碳酸钙表面做印花、转印、滚涂、普光、高光、覆膜等处理，具有图案逼真、花色多样、不褪色；高强度、耐腐蚀、抗老化；防火阻燃、隔热保温、绿色环保；不易变形、安装方便、清洁简单；环保经济等特点。

塑料装饰墙板安装主要采用卡扣式拼装方式。在墙板上边缘制有挂片和插槽，挂片中制有固定孔，在墙板下边缘制有插片和安装限位筋条，插片与插槽相配合，安装限位筋条插入固定孔，固定孔通过紧固件与墙体相固定，墙板两头边缘制有左、右插接口或/和左、右连接板，在左、右插接口和左、右连接板中制有连接片、连接槽。各块墙板通过片与槽、口与板等各种结构进行结合，再通过紧固件固定，操作方便、牢靠。

5.4.4　室内墙面装饰工程施工质量控制

1. 主控项目

（1）饰面板的品种、规格、颜色和性能应符合设计要求，木龙骨、木饰面板和塑料饰面板的燃烧性能等级应符合设计要求。检验方法：观察；检查产品合格证书、进场验收记录和性能检测报告。

（2）饰面板孔、槽的数量、位置和尺寸应符合设计要求。检验方法：检查进场验收记录和施工记录。

（3）饰面板安装工程的预埋件（或后置埋件）、连接件的数量、规格、位置、连接方法和防腐处理必须符合设计要求。后置埋件的现场拉拔强度必须符合设计要求。饰面板安装必须牢固。检验方法：手扳检查；检查进场验收记录、现场拉拔检测报告、隐蔽工程验收记录和施工记录。

2. 一般项目

（1）饰面板表面应平整、洁净、色泽一致，无裂痕和缺损。

石材表面应无泛碱等污染。检验方法：观察。

(2) 饰面板嵌缝应密实、平直，宽度和深度应符合设计要求，嵌填材料色泽应一致。检验方法：观察；尺量检查。

(3) 饰面板上的孔洞应套割吻合，边缘应整齐。检验方法：观察。

(4) 饰面板安装的允许偏差和检验方法应符合表 5-9 的规定。

表 5-9 饰面板安装的允许偏差和检验方法

项次	项目	允许偏差/mm			检验方法
		木材	塑料	金属	
1	立面垂直度	1.5	2	2	用 2m 垂直检测尺检查
2	表面平整度	1	3	3	用 2m 靠尺和塞尺检查
3	阴阳角方正	1.5	3	3	用直角检测尺检查
4	接缝直线度	1	1	1	拉 5m 线，不足 5m 拉通线，用钢直尺检查
5	墙裙、勒脚上口直线度	2	2	2	拉 5m 线，不足 5m 拉通线，用钢直尺检查
6	接缝高低差	0.5	1	1	用钢直尺和塞尺检查
7	接缝宽度	1	1	1	用钢直尺检查

5.5 室内细部施工

5.5.1 窗帘盒制作安装要点

窗帘盒有两种形式：一种是房间有吊顶的，窗帘盒应隐蔽在吊顶内，在做顶部吊顶时一同完成，称为暗窗帘盒；另一种是房间未吊顶，窗帘盒固定在墙上，与窗框套成为一个整体，称为明窗帘盒。明窗帘盒一般先加工成半成品，再在施工现场安装。安装窗帘盒前，顶棚、墙面、门窗、地面的装饰已完成。

1. 窗帘盒制作安装工艺流程

(1) 明窗帘盒的制作流程：

下料→刨光→制作卯榫→装配→修正砂光

（2）暗窗帘盒的安装流程：

定位→固定角铁→固定窗帘盒

2. 窗帘盒制作、安装要点

（1）明窗帘盒的制作：

1）下料：按图纸要求截下的净料要长于要求规格30～50mm，厚度、宽度要分别大于3～5mm。

2）刨光：刨光时要顺木纹操作，先刨削出相邻两个基准面，并做上符号标记，再按规定尺寸加工完另外两个基础面，要求光洁、无戗槎。

3）制作卯榫：最佳结构方式是采用45°全暗燕尾卯榫，也可采用45°斜角钉胶结合，但钉帽一定要砸扁后打入木内。上盖面可加工后直接涂胶钉入下框体。

4）装配：用直角尺测准暗转角度后把结构敲紧打严，注意格角处不要露缝。

5）修正砂光：结构固化后可修正砂光。用0号砂纸打磨掉毛刺、棱角、立槎，注意不可逆木纹方向砂光。要顺木纹方向砂光。

（2）暗窗帘盒的安装：暗装形式的窗帘盒，主要特点是与吊顶部分结合在一起，常见的有内藏式和外接式。

1）内藏式窗帘盒主要形式是在窗顶部位的吊顶处，做出一条凹槽，在槽内装好窗帘轨。作为含在吊顶内的窗帘盒，与吊顶施工一起做好。

2）外接式窗帘盒是在吊顶平面上，做出一条贯通墙面长度的遮挡板，在遮挡板内吊顶平面上装好窗帘轨。遮挡板可采用木构架双包镶，并把底边做封板边处理。遮挡板与顶棚交接线要用棚角线压住。遮挡板的固定可采用射钉固定，也可采用预埋木楔、圆钉固定，或膨胀螺栓固定。

3）窗帘轨安装：窗帘轨道有单、双或三轨道之分。单体窗帘盒一般先安轨道，暗窗帘盒在安轨道时，轨道应保持在一条直线上。轨道型式有工字形、槽形和圆杆形三种。工字形窗帘轨是用与其配套的固定爪来安装，安装时先将固定爪套入工字形窗帘轨上，每米窗帘轨道有三个固定爪安装在墙面上或窗帘盒的木结构上。

槽形窗帘轨的安装，可用 ϕ5.5 的钻头在槽形轨的底面打出小孔，再用螺丝穿过小孔，将槽形轨固定在窗帘盒内的顶面上。

5.5.2 窗台板制作安装要点

1. 窗台板制作与安装流程

窗台板的制作→砌入防火木→窗台板刨光→拉线找平、找齐→钉牢

2. 窗台板制作与安装要点

（1）窗台板的制作：按图纸要求加工的木窗台表面应光洁，其净料尺寸厚度在 20～30mm，比待安装的窗口长 240mm，板宽视窗口深度而定，一般要凸出窗口 60～80mm，台板外沿要倒楞或起线。台板宽度大于 150mm，需要拼接时，背面必须穿暗带防止翘曲，窗台板背面要开卸力槽。

（2）窗台板的安装：

1）在窗台板上，预先砌入防腐木砖，木砖间距 500mm 左右，每樘窗不少于两块，在窗框的下坎裁口或打槽（深 12mm，宽 10mm）。将窗台板刨光起线后，放在窗台墙顶上居中，里边嵌入下坎槽内。窗台板的长度一般比窗樘宽度长 120mm 左右，两端伸出的长度应一致。在同一房间内同标高的窗台板应拉线找平、找齐，使其标高一致，突出墙面尺寸一致。窗台板上表面向室内应略有倾斜（泛水），坡度约 1%。

2）如果窗台板的宽度大于 150mm，拼接时，背面应穿暗带，防止翘曲。

3）用明钉把窗台板与木砖钉牢，钉帽砸扁，顺木纹冲入板的表面，在窗台板的下面与墙交角处，要钉窗台线（三角压条）。窗台线预先刨光，按窗台长度两端刨成弧形线脚，用明钉与窗台板斜向钉牢，钉帽砸扁，冲入板内。

5.5.3　门窗套制作安装要点

门窗套是指在门窗洞口的两个立边垂直面，用于保护和装饰门框及窗框。门窗套包括筒子板和贴脸，与墙连接在一起。成品门及门窗套一般是指按照门窗洞口尺寸在工厂加工好后直接到现场安装，在安装门的时候采取安装门套→安装木门→安装贴脸（墙两边装饰压条）。

1. 门窗套制作安装流程

检查门窗洞口及预埋件→制作及安装木龙骨→装钉面板

2. 门窗套制作安装要点

（1）制作木龙骨：

1）根据门窗洞口实际尺寸，先用木方制成木龙骨架。一般骨架分三片，两侧各一片。每片两根立杆，当筒子板宽度大于 500mm 需要拼缝时，中间适当增加立杆。

2）横撑间距根据筒子板厚度决定。当面板厚度为 10mm 时，撑间距不大于 400mm；板厚为 5mm 时，横撑不大于 300mm。横撑间距必须与预埋件间距位置对应。

3）木龙骨架直接用圆钉成，并将朝外的一面刨光。其他三面涂刷防火剂与防腐剂。

（2）安装木龙骨：首先在墙面做防潮层，可干铺油毡一层，也可涂沥青。然后安装上端龙骨，找出水平。不平时用木楔垫实打牢。再安装两侧龙骨架，找出垂直并垫实打牢。

（3）装钉面板：

1）面板应挑选木纹和颜色相近的在同一洞口，同一房间。

2）裁板时要稍大于木龙骨架实际尺寸，大面净光，小面刮直，木纹根部朝下。

3）长度方向需要对接时，木纹应通顺，其接头位置应避开视线范围。

4）一般窗筒子板拼缝应在室内地坪 2m 以上；门洞筒子板拼缝离地面 1.2m 以下。同时接头位置必须留在横撑上。

5）当采用厚木板时，板背面应做卸力槽，以免板面弯曲。卸力槽一般间距为100mm（槽宽10mm，深度5～8mm）。

6）板面与木龙骨间要涂胶。固定板面所用钉子的长度为面板厚度的3倍，间距一般为100mm，钉帽砸扁后冲进木材面层1～2mm。

7）筒子板里侧要装进门、窗框预先做好的凹槽里。外侧要与墙面齐平，割角要严密方正。

5.5.4 带护栏的直跑木质楼梯制作、安装要点

1. 木质楼梯构造与分类

木质楼梯的构造组成包括梁（龙骨）、水平踏步板、立面踢脚板、立柱、扶手、弯头、踢脚线等。根据装饰造型需要有起步板、小立柱、大立柱、封边条、扣子等。木质楼梯按造型可分为直梯、弧梯、螺旋梯等；按类型可分为整体实木楼梯和散件楼梯。

2. 木质楼梯制作安装要点

（1）木质楼梯选材：根据设计要求进行选材。对于木制楼梯踏步板，要选择实木拼指接板或实木多层复合板。楼梯踏板要选择含水率较低的木材，含水率低的木材受力后不易变形，可以保证稳定性、安全性。用作楼梯踏板的材料最好必须经过烘干处理（两次烘干处理的为佳）。

（2）木质楼梯制作：根据设计要求对板材进行锯割、裁切、开榫槽、刨、铣、倒圆角、打磨、上色等制作工序。制作楼梯各组成构件。木质楼梯可现场制作，也可工厂定制现场组装。

（3）木质楼梯安装：木质楼梯的安装顺序一般是：固定梁（龙骨）→逐级安装水平踏步板、立面踢脚板→安装踢脚线、封边条→安装立柱、扶手→整修。

梁（龙骨）一般用膨胀螺栓与混凝土基层固定。踏步板安装可采用钉、锁扣结合硅胶与龙骨连接。踢脚线和封边条直接用硅胶与基层粘结。立柱与楼地面、踏步连接可用专用螺丝，螺母用内六角拧进立柱里，螺丝拧在踏板上，然后拿立柱对好螺丝拧紧立柱到合适角度；或采用双头牙杆配合沉木螺母固定。弯头与扶手采用钉接。立柱上部切出合适的角度，用薄木板（或铁板）将所有立柱连接，扶手下部有和薄木板（铁板）等宽的凹槽，放上

扶手，从薄板下面将扶手固定。简单的方法是立柱侧面打一个小孔，然后用自攻螺丝直接拧紧到扶手上即可，螺丝处用木盖盖好。

5.5.5　护墙板制作安装要点

1. 护墙板构造组成

实木护墙板是一种室内墙用护板，它由上、下水平框、竖直框、芯板和角框组成，在上、下水平框的内侧有厚度渐小的花边和凹槽，上、下水平框可以插接成不同的长度，插接处采用凹凸配合，竖直框横向两边有与上下水平框内侧相同的结构，其纵向两端有与上下水平框内侧插接相对应的结构，角框的横向两边有凹槽，芯板就插接在上、下水平框、竖直框或角框形成的框内。实木类护墙板有柚木、水曲柳、橡木、樱桃木等多种木材。

2. 护墙板安装要点

（1）墙面找平：

1）安装之前，准备 80mm×15mm 多层板长板、不同厚度的垫条。

2）用 2m 靠尺检查墙面平整度。

3）在设计图纸上护墙板的接缝处，先用射钉枪把 15mm 的垫板固定到墙上，不平整的地方用垫条找平。在 2m 以内平整度偏差不能超过 3mm。

（2）护墙板安装：

1）按照图纸在找平好的垫板上画线确定挂件和墙板位置，保证水平度和垂直度的准确。

2）墙板应从下至上分层安装，同时从左至右或者从右至左的安装。

3）根据踢脚线高度，确定下面第一层挂件位置，并用红外线水平仪找平。

4）上下墙板之间（水平方向）用整根挂件或者长的挂件对缝，左右墙板之间（垂直方向）需要加 100mm 长的短挂件（每两个短挂件间距不得超过 600mm）。

5）在每层两侧端头墙板后面需要加20mm垫条，保证墙板背面不空。

5.5.6 散热器罩制作安装要点

1. 散热器罩分类

常见的散热器罩（暖气罩）有固定式和活动式两种。固定式暖气罩与墙体相连，而活动式的罩体独立，无论何种形式，都要求做到保证散热片散热良好，罩体遇热不变形，表面造型美观、安全，便于检查维修暖气散热片。

2. 散热器罩制作安装工艺流程

弹线→打孔下木模→制作安装木龙骨→安装罩面板→制作罩框→压线条收口→刷漆

3. 散热器罩制作安装要点

（1）固定式散热器罩：

1）弹线。安装前应先在墙面、地面弹线，确定散热器罩的位置，散热器罩的长度应比散热片长100mm，高度应在窗台以下或与窗台平齐，厚度应比散热器宽10mm以上，散热罩面积应占散热片面积80%以上。

2）下木模，安装木龙骨。在墙面、地面安装线上打孔下木模，木模应进行防腐处理。木模距墙面小于200mm，距地面小于150mm。按安装线的尺寸制作木龙骨架，将木龙骨架用圆钉固定在墙、地面上，圆钉应钉在木模上。木龙骨架应刨光、平正。

3）安装罩面板。面板安装前应在木龙骨外侧刷乳胶，面板对正后用射钉固定在木龙骨上，面板应预留出散热罩位置，边缘与框架平齐，侧面及正面顶部用木线条收口。

4）制作散热罩框，压线收口。框架应刨光、平正，尺寸应与龙骨上的框架吻合，侧面压线条收口，框内可做造型。

（2）活动式散热器罩：活动式散热器罩应视为家具制作，适宜仅在墙面单独包散热器罩而不做其他连体家具时使用。根据散热片的长、宽、高尺寸，按长度大于100mm、高度大于50mm，宽度大于15mm的尺寸，预先制作三面有侧板及散热网的罩框，将罩框直接安装在散热片上即可。

5.5.7　细部工程施工质量控制

1. 窗帘盒、窗台板和散热器罩制作与安装工程

（1）主控项目：

1）窗帘盒、窗台板和散热器罩制作与安装所使用材料的材质的规格、木材的燃烧性能等级和含水率、花岗石的放射性及人造木板的甲醛含量应符合设计要求及国家现行标准的有关规定。检验方法：观察；检查产品合格证书、进场验收记录、性能检测报告和复验报告。

2）窗帘盒、窗台板和散热器罩的造型、规格、尺寸、安装位置和固定方法必须符合设计要求。窗帘盒、窗台板和散热器罩的安装必须牢固。检验方法：观察；尺量检查；手扳检查。

3）窗帘盒配件的品种、规格应符合设计要求，安装应牢固。检验方法：手扳检查；检查进场验收记录。

（2）一般项目：

1）窗帘盒、窗台板和散热器罩表面应平整、洁净、线条顺直、接缝严密、色泽一致，不得有裂缝、翘曲及损坏。检验方法：观察。

2）窗帘盒、窗台板和散热器罩与墙、窗框的衔接应严密，密封胶缝应顺直、光滑。检验方法：观察。

3）窗帘盒、窗台板和散热器罩安装的允许偏差和检验方法应符合表 5-10 的规定。

表 5-10　窗帘盒、窗台板和散热器罩安装的允许偏差和检验方法

项次	项目	允许偏差/mm	检验方法
1	水平度	2	用 1m 水平检测尺和塞尺检查
2	上口、下口直线度	3	拉 5m 线，不足 5m 拉通线，用钢直尺检查
3	两端距窗洞口长度差	2	用钢直尺检查
4	两端出墙厚度差	3	用钢直尺检查

2. 门窗套制作与安装工程

（1）主控项目：

1）门窗套制作与安装所使用材料的材质、规格、花纹和颜色、木材的燃烧性能等级和含水率、花岗石的放射性及人造木板的甲醛含量应符合设计要求及国家现行标准的有关规定。检验方法：观察；检查产品合格证书、进场验收记录、性能检测报告和复验报告。

2）门窗套的造型、尺寸和固定方法应符合设计要求，安装应牢固。检验方法：观察；尺量检查；手扳检查。

（2）一般项目：

1）门窗套表面应平整、洁净、线条顺直、接缝严密、色泽一致，不得有裂缝、翘曲及损坏。检验方法：观察。

2）门窗套安装的允许偏差和检验方法应符合表 5-11 的规定。

表 5-11　门窗套安装的允许偏差和检验方法

项次	项目	允许偏差/mm	检验方法
1	正、侧面垂直度	3	用 1m 垂直检测尺检查
2	门窗套上口水平度	1	用 1m 水平检测尺和塞尺检查
3	门窗套上口直线度	3	拉 5m 线，不足 5m 拉通线，用钢直尺检查

3. 护栏和扶手制作与安装工程

（1）主控项目：

1）护栏和扶手制作与安装所使用材料的材质、规格、数量和木材、塑料的燃烧性能等级应符合设计要求。检验方法：观察；检查产品合格证书、进场验收记录和性能检测报告。

2）护栏和扶手的造型、尺寸及安装位置应符合设计要求。检验方法：观察；尺量检查；检查进场验收记录。

3）护栏和扶手安装预埋件的数量、规格、位置以及护栏与预埋件的连接节点应符合设计要求。检验方法：检查隐蔽工程验收记录和施工记录。

4）护栏高度、栏杆间距、安装位置必须符合设计要求。护栏安装必须牢固。检验方法：观察；尺量检查；手扳检查。

（2）一般项目：

1）护栏和扶手转角弧度应符合设计要求，接缝应严密，表面应光滑，色泽应一致，不得有裂缝、翘曲及损坏。检验方法：观察；手摸检查。

2）护栏和扶手安装的允许偏差和检验方法应符合表 5-12 的规定。

表 5-12　护栏和扶手安装的允许偏差和检验方法

项次	项目	允许偏差/mm	检验方法
1	护栏垂直度	3	用 1m 垂直检测尺检查
2	栏杆间距	3	用钢直尺检查
3	扶手直线度	4	拉通线，用钢直尺检查
4	扶手高度	3	用钢直尺检查

第 6 章 门窗、家具制作安装

6.1 木门窗的制作与安装

6.1.1 木门窗构造

1. 木门的构造

木门一般由门框、门扇、亮子、五金零件及其附件组成。

门扇按其构造方式不同，有镶板门、夹板门、拼板门、玻璃门和纱门等类型。亮子在门上方，为辅助采光和通风之用，有平开、固定及上、中、下悬几种。

门框是门扇、亮子与墙的联系构件。五金零件一般有铰链、插销、门锁、拉手、门碰头等。附件有贴脸板、筒子板等。木门的组成如图 6-1 所示。

（1）门框的构造：一般由两根竖直的边框和上框组成。当门带有亮子时，还有中横框，多扇门则还有中竖框。门框的断面形式与门的类型、层数有关，同时应利于门的安装，并应具有一定的密闭性。

门框上冒头与门框边梃结合时，在上冒头做眼，在边梃上做榫，如先立框后砌墙，则要在门框上冒头的两端各留出 120mm 的走头。中贯档与樘子梃结合时，在梃上打眼，在中贯档的两头作榫。

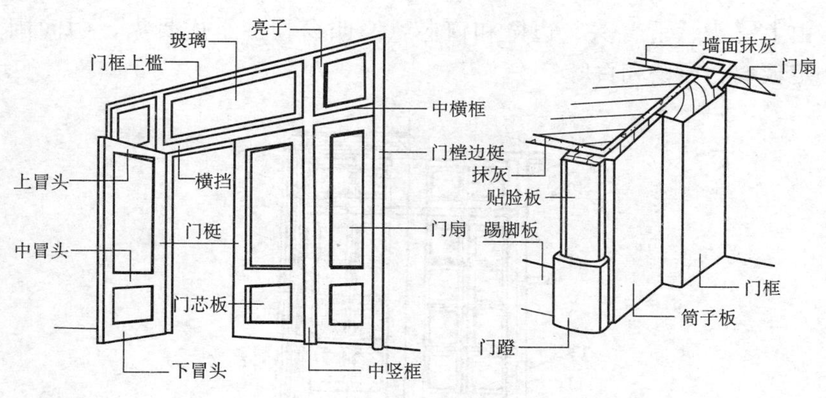

图 6-1　木门的组成

（2）门扇的构造：常用的木门门扇有镶板门（包括玻璃门、纱门）、夹板门和拼板门等。

1）镶板门：是广泛使用的一种门，门扇由边梃、上冒头、中冒头（可作数根）和下冒头组成骨架，内装门芯板而构成。适于一般民用建筑作为内门和外门。

2）夹板门：是用断面较小的方木做成骨架，两面粘贴面板而成。门扇面板可用胶合板、塑料面板和硬质纤维板，面板不再是骨架的负担，而是和骨架形成一个整体，共同抵抗变形。夹板门的形式可以是全夹板门、带玻璃或带百叶夹板门。

3）拼板门：一般由骨架和条板组成。有骨架的拼板门称为拼板门，而无骨架的拼板门称为实拼门；有骨架的拼板门又分为单面直拼门、单面横拼门和双面保温拼板门三种。

2. 木窗的构造

木窗一般由窗框、窗扇和五金零件组成，木窗的构造如图 6-2 所示。木窗按使用要求可分为玻璃窗、百叶窗、纱窗等几种类型，按开关方式可分为固定窗、平开窗、悬窗、旋窗和推拉窗等。

（1）窗框与门框一样，在构造上应有裁口及背槽处理，裁口也有单裁口与双裁口之分。窗框是窗与墙体的连接部分，有上框、下框、边框、中横框和中竖框组成。

（2）窗扇是窗的主体部分，分为活动扇和固定扇两种，一般由上冒头、下冒头、边梃和窗芯（又叫窗棂）组成骨架，中间固定玻璃、窗扇和百叶。

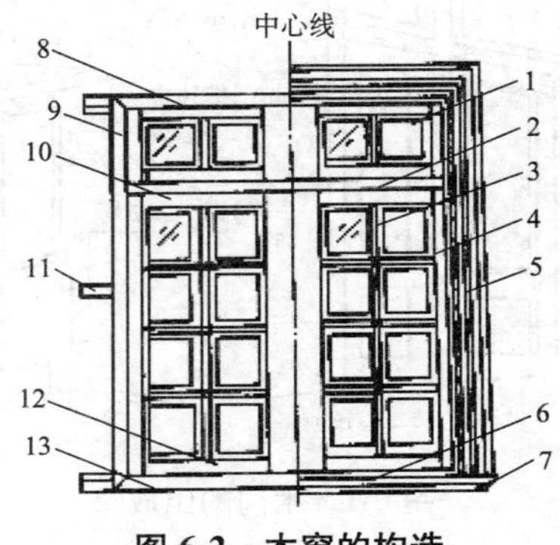

图 6-2　木窗的构造

1. 亮子；2. 中贯档；3. 玻璃芯子；4. 窗梃；5. 贴脸板；6. 窗台板；7. 窗盘线；8. 窗樘上冒头；9. 窗樘边梃；10. 上冒头；11. 木砖；12. 下冒头；13. 窗樘下冒头

6.1.2　木门窗的制作

木门窗的制作工艺流程：放样 → 配料 →刨料→画线 →打眼 →开榫、拉肩→裁口与倒棱 → 拼装

1. 放样

放样是根据施工图样上设计好的木制品，按照 1：1 的尺寸将木制品构造画出来，做成样板。放样是配料和截料、画线的依据，在使用的过程中，应注意保持其画线的清晰，不要使其弯曲或折断。

2. 配料、截料

配料是在放样的基础上进行的，因此，要计算出各部件的尺寸和数量，列出配料单，按配料单进行配料。

（1）配料前，对原材料要进行选择，不干燥的木料不能使用。先配长料，后配短料；先配框料，后配扇料。

（2）配料时，要合理地确定加工余量，各部件的毛料尺寸要比净料尺寸加大些，具体加大量可参考如下：

1）断面尺寸：单面刨光加大 1～1.5mm，双面刨光加大 2～3mm；机械加工时，单面刨光加大 3mm，双面刨光加大 5mm。

2）长度的加工余量见表 6-1。

表 6-1　门窗构件长度加工余量

构件名称	加工余量/mm
门樘立梃	按图纸规格放长 70
门窗樘冒头	按图纸放长 100，无走头时放长 40
门窗樘中冒头、窗樘中竖梃	按图纸规格放长 10
门窗扇梃	按图纸规格放长 40
门窗扇冒头、玻璃棂子	按图纸规格放长 10
门扇中冒头	在五根以上者，有一根可考虑做半榫
门芯板	按图纸冒头及扇梃内净距放长各 20

（3）在选配的木料上按毛料尺寸画出截断、锯开线，考虑到锯解木料的损耗，一般留出 2～3mm 的损耗量。

3. 刨料

（1）刨料时，宜将纹理清晰的里材作为正面，对于樘子料任选一个窄面为正面，对于门、窗框的梃及冒头可只刨外面，不刨靠墙的一面；门、窗扇的上冒头和梃也可先刨三面，靠樘子的一面待安装时根据缝的大小再进行修刨。

（2）刨完后，应按同类型、同规格樘扇分别堆放，上、下对齐，以备下道工序取用方便。每个正面相合，堆垛下面要垫实平整。

4. 画线

画线是根据门窗的构造要求，在各根刨好的木料上画出榫头线、打眼线等。

（1）画线时要选木料光面作为表面，有缺陷的面放在背后，画出的榫、眼、厚、薄、宽、窄尺寸必须一致。

（2）画线顺序，应先画外皮横线，再画分格线，最后画顺线，同时用方尺画两端头线、冒头线、棂子线等。

5. 打眼

（1）打眼之前，应选择等于眼宽的凿刀，凿出的眼，顺木纹两侧要直，不得错槎。

（2）打通眼时，先打背面，后打正面。凿眼时，眼的一边线要凿半线、留半线。

（3）成批生产时，要经常核对，检查眼的位置尺寸，以免发生误差。

6. 开榫、拉肩

（1）开榫就是按榫头线纵向锯开。拉肩就是锯掉榫头两旁的肩头，通过开榫和拉肩操作就制成了榫头。

（2）拉肩、开榫要留半个墨线。锯出的榫头要方正、平直、榫眼处完整无损，没有被拉肩操作面锯伤。

7. 裁口、倒棱

（1）裁口即刨去框的一个方形角部分，供装玻璃用。用裁口刨子或用歪嘴子刨。裁好的口要求方正平直，不能有戗槎起毛，凹凸不平的现象。

（2）倒棱也称为倒八字，即沿框刨去一个三角形部分。倒棱要平直、板实，不能过线。

8. 拼装

（1）拼装前应对部件进行检查，要求部件方正、平直，线脚整齐分明，表面光滑，尺寸规格及式样符合设计要求。

（2）门窗框的组装，应该在一根边梃的眼里安装冒头，再装上另一根边梃，用锤轻轻敲打拼合。待门窗框整体拼好归方以后，再将所有榫头敲实，锯断露出的榫头。拼装时，应先将楔头抹上胶，再用锤轻轻敲打拼合。

（3）门窗扇的组装方法与门窗框基本相同。但木扇有门芯板，须先把门芯心板按尺寸裁好，一般门芯板应比门扇边上量得的尺寸小 3～5mm，门芯板的四边去棱，刨光净好。然后，先把一根门梃平放，将冒头逐个装入，门芯板嵌入冒头与门梃的凹槽内，再将另一根门梃的眼对准榫装入，并用锤垫木块敲紧。

（4）门窗框、扇组装好后，为使其成为一个结实的整体，必须在眼中加木楔，将榫在眼中挤紧。

（5）组装好的门窗、扇用细刨刨平，先刨光面。双扇门窗要配好对，对缝的裁口刨好。安装前，门窗框靠墙的一面，均要刷一道防腐剂，以增强防腐能力。拼装好的门窗框成品应在明显处编写号码，用木楞四角挑起，离地20～30cm水平放置，并加以覆盖。

（6）门窗框组装、净面后，应按房间编号，按规格分别堆放整齐，堆垛下面要垫木块。门穿框进场后应尽快刷一道底油，防止风裂和污染。

6.1.3　木门窗的安装

1. 门框安装的施工工序

施工准备→木门框的安装→成品保护

2. 门扇的安装

（1）先确定门的开启方向及装锁位置，对开门的裁口方向为开启方向（一般右扇为盖口扇）。

（2）检查门口是否串角及各部位尺寸，检查门口宽度，并在门扇的相应部位定点画线。

（3）将门扇靠在门框上，在门扇上画出相应尺寸线。用夹具将门扇一端夹牢，另一端用小木片垫起，按尺寸线用刨对门扇的四边进行修正。

（4）第一次修刨后的门扇以能塞入洞口内为宜，塞好后用木楔顶住底部，按门扇与洞口之间的留缝宽度要求画第二次修刨线，标上合页槽位置，同时注意洞口与门扇的平整。

（5）按照修刨线对门扇进行第二次修刨，应先刨安锁的一边。在合页槽位置用线勒子勒出槽的深度，并从框上引过合页槽线，此时应注意用合页的进出来调整洞口与门扇的平整。

（6）安装对开门扇时，应用尺量好门扇的宽度，再确定中间对口缝的裁口深度；如采用企口锁时，对口缝的裁口深度和裁口方向应满足锁的安装要求，然后将四周修刨到准确尺寸。

3. 窗框的安装

与门框相近，框与抹灰面交接处，应用贴脸板搭盖，以阻止由于抹灰干缩形成缝隙后风透入室内，同时可增加美观。贴脸板的形状及尺寸与门的贴脸板相同。

4. 窗扇安装

(1) 安装窗扇前先把窗扇长出的边头锯掉，然后一边在洞口上比试，一边修刨窗扇。刨好后将窗扇靠在洞口的一角，上缝和立缝要求均匀一致。

(2) 用小木楔将窗扇按要求的缝宽塞在洞口上，缝宽一般为上缝 2mm，下缝 2.5mm，立缝 2mm。

5. 木门窗玻璃的安装

(1) 玻璃安装前应检查框内尺寸，将裁口内的污垢清除干净。

(2) 安装长边大于 1.5m 或短边大于 1m 的玻璃，应用橡胶垫并用压条和螺钉固定。

(3) 安装木框、扇玻璃，可用钉子固定，钉距不得大于 300mm，且每边不少于两个；用木压条固定时，应先刷底油后安装，并不得将玻璃压得过紧。

6.1.4 木门窗五金配件的安装

木门窗五金配件有合页、门锁、拉手、插销、门吸、碰珠、风钩等。安装均用木螺丝固定，不准用钉子代替。安装时严禁全部打入，允许先钻孔 1/3 深度（硬木 2/3 深度），孔径为木螺丝直径的 0.9 倍，拧入木螺丝不允许歪斜。

(1) 上下合页距门扇上、下端宜分别取边梃高度的 1/10 处，避开上下梃；安装时应先拧一个螺丝，然后关上门窗检查缝隙是否合适，口与扇是否平整，无问题后方可将螺丝全部拧上拧紧。

(2) 门窗拉手应位于门窗高度中点以下，窗拉手距地面以 1.5～1.6m 为宜，门拉手距地面以 0.9～1.05m 为宜，门拉手应里外一致。

(3) 门锁孔距门扇下端 1000mm 或按设计要求并避开在边梃与中梃结合处安装。

(4) 门插销位于门拉手下边。窗插销安装时应先固定插销底板，再关窗打插销压痕，凿孔，打入插销。

（5）窗风钩应装在窗框下冒头与窗扇下冒头夹角处，使窗开启后成 90°角。

（6）门扇开启后易碰墙的门，为固定门扇，应安装门吸。

（7）小五金应安装齐全，位置适宜，固定可靠。

6.1.5 木质推拉门窗的制作安装要点

1. 木质推拉门制作

推拉门制作工艺，做工与其他门大致相同，轨道要隐藏在门套内，玻璃两边要用定做的实木小线条夹住，地面定位器要牢固，位置要合理。

（1）推拉门套由门框、筒子板、贴脸线组成，门套主要承受这整个木门的重量。注意门套道轨槽预留宽度，在下料时应计算好槽内空宽度，单道轨槽内宽度为 50～60mm，双道轨槽内宽度 100～120mm。

（2）推拉门扇的制作，依据施工图及门套预留的净宽开料、压门。应计算好门扇与门扇的搭接宽度。框内靠玻璃收口线条应平直，与门扇面板一致，光滑平整，缝隙严密。门面板颜色与门套保持一致。木质推拉门节点可参考相关标准图集，如《木门窗》（03 J 601—2）、《木门窗》（04 J 601—1）图集。

2. 木质推拉窗制作

推拉窗主要由窗框和窗扇两部分组成，此外还有滑轮，导轨等。

（1）水平推拉窗：由窗扇在上下轨道上左右滑行来开启和关闭的。水平推拉窗构造上可分为上滑式和下滑式两种。窗扇水平方向移动，一般在窗扇上下边装有导轨，开启时两扇或多扇重叠。

（2）垂直推拉窗：在窗扇左右两侧边装上导轨，由窗扇在左右轨道上下滑行来开启和关闭的。木质推拉窗节点可参考木门窗相关标准图集。

3. 木质推拉门窗的安装要点

（1）门窗套安装：

1）洞口处安装门窗套的墙面部位须做整平处理，清除墙面表层的污垢，露出水泥砂浆层。轻钢龙骨墙体应在洞口附加一层九夹板，如图 6-3 所示。

2）按测量清单上的洞口尺寸及包装标签上标注的尺寸，复核无误后将组装好的门窗套轻推入洞口内，用木楔调整门窗套与墙体洞口间隙，将门窗套固定塞紧。

3）用铝方通工装及木龙骨横支撑杆将门窗套立梃撑紧，为防止冒头下垂，在冒头和横支撑杆之间加一立支撑杆，如图 6-4 所示。用水平尺、线锤等工具进行正、侧两面吊线，校正门窗套水平度和垂直度并测量门窗套对角线，使其符合安装规范。

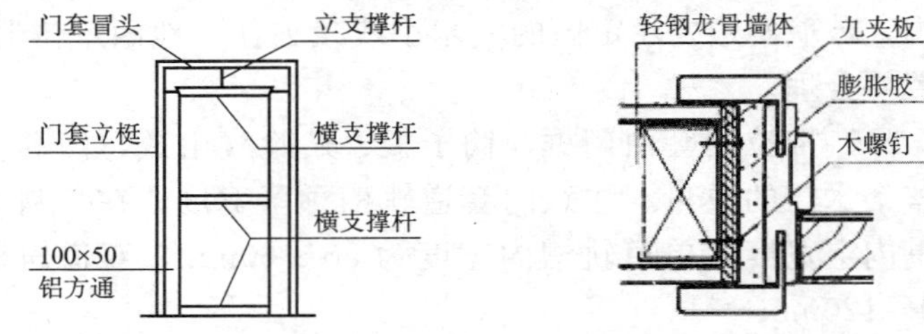

图 6-3　轻钢龙骨墙体洞口做法　　6-4　立支撑杆做法

4）将胶罐（胶枪）喷胶嘴由门窗套与墙体之间缝隙插入，距立梃边缘 25～30mm 处自下而上间断注入膨胀胶，在门套两侧肩部交角及合页、锁位置处注胶量要充足并能充分发泡。

5）8h 后，膨胀胶充分发泡和固化，方可拆卸全部工装。

（2）门扇安装：按门套匹配尺寸规格复核门扇尺寸，明确开启方向、锁孔位置，分清上下梃及带百页门的百页内外方向，安装门扇时，木螺丝要拧紧卧平，调整门扇使其不能翘曲、走扇、回弹。门扇与门套配合间隙要符合安装规定。

（3）窗扇安装：按照推拉窗套配合尺寸及包装标签上注明的产品尺寸复核推拉窗外形尺寸，将窗扇试装入窗套内，确定下滑轨，下滑轮安装部位。安装推拉窗。要求推拉窗扇与窗套之间的配合间隙必须符合安装规定。

（4）推拉木门窗安装注意事项：

1）推拉木门窗的上、下轨道或上、下框板必须保持水平，在洞口全长范围内高差不大于 2mm；侧框板必须铅垂，全高垂直误差不大于 2mm。

2）上、下轨道或轨槽的中心线必须铅垂对准，同在一个铅垂面内，以避免推拉门窗滑动时，上、下轨道拧劲。

3）悬挂式推拉木门窗的上梁承受整个门（窗）扇的重量，必须安装牢固，上梁厚度不小于 5cm，每 20cm 的距离至少有一个点与洞口基底牢固连接。

4）如果门窗扇左、右两边不铅垂，可通过调节悬挂螺栓或轮盒将门窗扇找直。

5）安装完毕后随即用木方保护侧框板及门扇边角。

6.1.6　双扇弹簧门制作安装要点

1. 双扇弹簧门的制作要点

双扇弹簧门，其门扇在双向可自由开关，门框不需裁口，一般做成与门扇侧边对应的弧形对缝，为避免两门扇相互碰撞，通常上下冒头做平缝，两扇门的中缝做圆弧形。

弹簧门应选用地弹簧，也可选用液压闭门器。楼层采用地弹簧时要注意楼面面层厚度. 需大于地弹簧厚度，方可埋设。

地弹簧门对门扇的强度和刚度要求比较高，门扇一般要用硬木加工，弹簧门门扇的厚度一般为 42～50mm，上冒头、中冒头和边梃的宽度一般为 100～120mm，下冒头的宽度一般为 200～300mm。

2. 双扇弹簧门的安装要点

（1）门框应横平竖直，由于地弹门没有下横框，门框的整体性差，给安装带来难度，要做到整个门框必须在一个平面内，不得扭曲，否则将影响门扇的安装。

（2）地弹簧的安装，必须在门框安装完毕后，根据上支点的位置，用吊线锤找准转柄中心位置。其开槽步骤如下：

1）拿一根铅垂线从地弹簧顶轴的圆心处放置垂线，然后挪动地弹簧的位置，使铅垂体的圆心正好放置在地弹簧扁轴的中心标志位置，并同时注意地弹簧安装的水平、前后左右四个方位的垂直性，然后描出地弹簧本体轮廓。

2）实施开槽，将已经描好的地弹簧轮廓区域的边线用角磨机切割出一个深度 3～5mm 的槽口，然后拿电锤或者手工凿子（可以搭配角磨机），开挖地弹簧轮廓区域内的地面材料，同时量下地弹簧安装槽的深度，在接近厚度尺寸时可以将地弹簧本体放入地槽，看是否可以保持在地面以下。

3）地弹簧安装时稳固地弹簧本体：在地弹簧本体可以完全放入地槽中时，可以进行地弹簧安装本体的稳固步骤。注意两地弹簧的中线必须与左右门框中心连线在一条线上，否则门扇安装后将出现一前一后的现象。在找准位置后，用水泥砂浆浇注、填实，防止在使用过程中松动。

6.1.7 木门窗施工质量控制

木门窗施工质量控制及检验方法应符合《建筑装饰装修工程质量验收规范》（GB 50210—2001）的相关规定。

1. 木门窗施工质量控制的主控项目

（1）木门窗的木材品种、材质等级、规格、尺寸、框扇的线型及人造板的甲醛含量应符合设计要求。

（2）木门窗应采用烘干的木材，含水率应符合《建筑木门、木窗》（JG/T 122—2000）的规定。

（3）木门窗的防火、防腐、防虫处理应符合设计要求。

（4）木门窗的接合处和安装配件处不得有木节或已填补的木节。对于清漆制品，木塞的木纹和色泽应与制品一致。

（5）门窗框和厚度大于 50mm 的门窗扇应用双连接。槽应采用胶料严密嵌合，并应用胶楔加紧。

（6）胶合板门、纤维板门和模压门不得脱胶。胶合板不得刨透表层单板，不得有槎。制作胶合板门、纤维板门时，边框和横楞应在同一平面上，面层、边框及横楞应加压胶结。

（7）木门窗的品种、类型、规格、开启方向、安装位置及连接方式应符合设计要求。

（8）木门窗框的安装必须牢固。预埋木砖的防腐处理、木门窗框固定点的数量、位置及固定方法应符合设计要求。

（9）木门窗扇必须安装牢固，并应开关灵活，关闭严密，无倒翘。

（10）木门窗配件的型号、规格、数量应符合设计要求，安装应牢固，位置应正确，功能应满足使用要求。

2. 木门窗施工质量控制的一般项目

（1）木门窗表面应洁净，不得有刨痕、锤印。

（2）木门窗的割角、拼缝应严密平整，门窗框、扇裁口应顺直，刨面应平整。

（3）木门窗上的槽、孔应边缘整齐，无毛刺。

（4）木门窗与墙体间缝隙的填嵌材料应符合设计，要求填嵌应饱满。寒冷地区外门窗（或门窗框）与砌体间的空隙应填充保温材料。

（5）木门窗批水、盖口条、压缝条、密封条的安装应顺直，与门窗结合应牢固、严密。

（6）木门窗制作的允许偏差和检验方法应符合表 6-2 的规定。

（7）木门窗安装的留缝限值允许偏差和检验方法应符合表 6-3 的规定。

表 6-2　门窗制作的允许偏差和检验方法

项　目	构件名称	允许偏差/mm		检验方法
		普通	高级	
翘　曲	框	3	2	将框、扇平放于检验台、用塞尺检查
	扇	2	2	
对角线长度差	框、扇	3	2	用钢尺检查、框量裁口里角，扇量外角
表面平整度	扇	2	2	用 1m 靠尺和塞尺检查
高度、宽度	框	0；－2	0；－1	同对角线检查方法
	扇	＋2；0	＋1；0	
裁口线条结合	框、扇	1	0.5	用钢直尺和塞尺检查
相邻棂子两端间距	扇	2	1	用钢直尺检查

表 6-3 木门窗安装留缝限值、允许偏差和检验方法

项目		允许偏差/mm		留缝限值/mm		检验方法
		普通	高级	普通	高级	
门窗槽口对角线长度差		3	2	—	—	用钢尺检查
门窗的正、侧面垂直度		2	1	—	—	用 1m 垂直检测尺检查
框与扇，扇与扇接缝高低差		2	1	—	—	用钢直尺和塞尺检查
门窗扇对口缝		—	—	1～2.5	1.5～2	用塞尺检查
工业厂房双扇大门对口缝		—	—	2～5	—	
门窗扇与上框间留缝		—	—	1～2	1～1.5	
门窗扇与侧框间留缝		—	—	1～2.5	1～1.5	
窗扇与下框间留缝		—	—	2～3	2～2.5	
门扇与下框间留缝		—	—	3～5	3～4	
双层门窗内外框间缝		4	3	—	—	用钢尺检查
无下框时门扇与地面间留缝	外门	—	—	4～7	5～6	用塞尺检查
	内门	—	—	5～8	6～7	
	卫生间门	—	—	8～12	8～10	
	厂房大门	—	—	10～20	—	

6.2 框式家具制作安装

6.2.1 木家具分类与构造

1. 按产品构成的主要材料分类

（1）实木类家具：实木家具又称为框式家具，它是以榫接合的框架为承重构件，板件附设于框架之上的木家具。根据实木用材比例及工艺，实木类家具可分为三类：

1）全实木家具：所有木质零部件（镜子托板、压条除外）均采用实木锯材或实木板材制作的家具。

2）实木家具：基材采用实木锯材或实木板材制作，表面没有覆面处理的家具；

3）实木贴面家具：基材采用实木锯材或实木板材制作，并在

表面覆贴实木单板或薄木（木皮）的家具。

（2）人造板类家具：以纤维板、刨花板、胶合板、细木工板、层积材等人造板作为基材制造的家具。

（3）综合类家具

基材采用实木、人造板等多种材料混合制作的家具。

2. 按产品表面的饰面分类

（1）涂饰家具：家具主要部件表面采用油漆涂饰形成漆膜的家具。

（2）覆面家具：主要部件采用浸渍胶膜纸、高压装饰层积板等软、硬质材料覆面的家具。

6.2.2　框式家具毛料加工要点

毛料加工指把配料后的毛料加工成净料的过程，毛料的加工主要包括两个方面的内容：基准面加工与相对面加工。

（1）基准面加工，为了保证后工序的加工质量，必须先在毛料上作出正确的基准面，作为精基准，因此方材毛料加工，总是从基准面加工开始，基准面包括平面、侧面、端面三个面，可根据不同工艺选择加工基准面。平面、侧面的加工可采用铣削方式加工，一般在平刨或铣床上完成；端面的加工可采用横截锯加工，可在带推架的圆锯或双截锯上加工。

（2）相对面加工，也称为毛料宽度和厚度上的加工，在基准面加工后，还需再用压刨床、三面、四面刨床和铣床等设备对确定基准面后的毛料的另外三边进行刨切加工，使其与基准面之间有正确的相对位置，并符合基本尺寸要求和表面精度要求。

（3）框式家具毛料加工要点。刨削配好的构件毛料，应按先后次序刨光，要求材面要光，线棱要直，材面夹角符合要求，无翘曲变形。刨料时，先刨大面，后刨侧面。根据构件的净料尺寸，以先刨好的两面为基准，分别画出相对面的平行线，然后再刨两个相对面。

对于规格尺寸较小的原材料，可利用对接方式或指接方式将小型材料拼接成尺寸较大的材料。

6.2.3 框式家具制作组装工艺

框式家具的制作组装工艺并非千篇一律，有的产品简单，工序相对少些，有的较复杂，工序也就较多。一般情况下，框架式家具的制作组装工艺流程图如下：

开料→锯材干燥→配料→毛料加工（刨光，精截等）→（胶拼或弯曲）→净料加工（开榫，起槽，钻孔，打眼，雕刻，铣型，磨光等）→部件装配→部件加工与修整→装饰（涂料）→总装配→包装

1. 干燥

为了防止加工好的零部件变形、增加尺寸的稳定性，以及提高其表面涂饰的质量，所有的方材、板材在配料前都必须进行干燥。

2. 配料

首先应根据材料的类型、毛料零件的尺寸等合理确定配料方案及加工方法。要根据零件加工的具体情况，合理确定加工余量。

3. 毛料加工

具体方法已在前面 6.2.2 节毛料加工中作过介绍，这里不再重复。

4. 胶拼

实木材胶拼包括：宽度上的胶拼、接长、胶厚三个方面的内容。

现代家具生产中常会用到贴面工艺，在基材上贴覆装饰性较好的材料，如：薄木、胶合板、三聚氰胺纸、木纹纸等。薄木在贴覆前先用剪板机剪裁并用拼缝机拼接，才能上胶贴，采用热压或冷压加压固化，一般采用热压的方式。

5. 弯曲

弯曲零件主要通过方材弯曲、薄板胶合弯曲、模压成型及锯口弯曲的方法得到。

6. 净料加工

方材的净料加工包括榫头加工、榫槽或榫眼加工、型面加工及表面修整等方面的内容。榫头、榫槽或榫眼的加工工艺前面章节已做过介绍，型面的加工主要指边角线型与曲面的加工，一般在铣床上加工，部分或利用压刨。表面修整主要用来除去加工所产生的各种表面不平度，加工设备为净光机或砂光机。

7. 部件装配

将加工好的零件组装成为部件，如将方材拼接成面板框架。

家具零件是不可再分的组成部件或产品的最小单元。常用的零件如立梃、帽头、脚、腿、屉面板、屉旁板等。家具部件是由两个以上的零件组装成的装配件。常用的部件如面板、底板、背板、门、抽屉、中隔板和搁板等。

8. 部件加工与修整

零件组装成部件后，有的部件需进行进一步的加工，也可能存在一些误差，需要修整。

9. 涂饰

成品一般须经涂饰工艺，可以起到保护与装饰作用。

10. 总装配

总装配是将所有零件和部件，按一定顺序组合起来。装配时，要求注意各零部件的面与面是否垂直，结合是否严密。

11. 包装

包装是为在流通过程中保护产品，方便储运，促进销售，按一定方法而采用容器、材料和辅助物等的总体名称。现在家具产品种类繁多，不同类型与结构的家具所采用的包装方法与工艺都不尽相同。

6.2.4 框式家具质量控制

框式家具的质量控制可依据《木家具通用技术条件》（GB/T 3324—2008）、《木家具质量检验及质量评定》（QB/T 1951.1—2010）的相关规定。

下面就技术要求方面的质量控制做相关介绍。

1. 形状和位置公差

形状和位置公差应满足表6-4的规定。

表6-4　形状和位置公差　　单位：mm

<table>
<tr><th>序号</th><th>检验项目</th><th colspan="4">要求</th></tr>
<tr><td rowspan="3">1</td><td rowspan="3">翘曲度</td><td rowspan="3">面板、正视面板件</td><td>对角线长度≥1400</td><td colspan="2">A级≤1.0，B级≤2.0，C级≤3.0</td></tr>
<tr><td>700≤对角线长度<1400</td><td colspan="2">A级≤0.7，B级≤1.0，C级≤2.0</td></tr>
<tr><td>对角线长度<700</td><td colspan="2">A级≤0.4，B级≤0.7，C级≤1.0</td></tr>
<tr><td>2</td><td>平整度</td><td colspan="4">面板、正视面板件：≤0.2</td></tr>
<tr><td rowspan="4">3</td><td rowspan="4">邻边垂直度</td><td rowspan="4">面板、框架</td><td rowspan="2">对角线长度</td><td>≥1000</td><td>长度差≤3</td></tr>
<tr><td><1000</td><td>长度差≤2</td></tr>
<tr><td rowspan="2">对边长度</td><td>≥1000</td><td>对边长度差≤3</td></tr>
<tr><td><1000</td><td>对边长度差≤2</td></tr>
<tr><td>4</td><td>位差度</td><td colspan="4">门与框架、门与门相邻表面、抽屉与框架、抽屉与门、抽屉与抽屉相邻两表面间的距离偏差（非设计要求的距离）：≤2.0</td></tr>
<tr><td>5</td><td>分缝</td><td colspan="4">所有分缝（非设计要求时）：≤2.0</td></tr>
<tr><td>6</td><td>底脚平稳性</td><td colspan="4">底脚着地平稳性≤2.0</td></tr>
<tr><td>7</td><td>抽屉下垂度</td><td colspan="4">≤20</td></tr>
<tr><td>8</td><td>抽屉摆动度</td><td colspan="4">≤15</td></tr>
</table>

2. 用料要求

（1）木材含水率应不高于产品加工所在地区的年平均木材平衡含水率。

（2）外表不得使用腐朽料。内部或封闭部位用材轻微腐朽面积不超过零件面积的15%，深度不得超过材厚的25%。

（3）产品主要受力部件用材的斜纹程度超过20%的不得使用。

（4）节子宽度不超过可见材宽的1/3，直径不超过12mm的，经修补加工后不影响产品结构强度和外观的，可以使用。

3. 木工要求

（1）人造板制成的部件应进行封边处理。

（2）榫接合处应涂胶。榫接合处应涂胶。榫及零件接合应牢固，外表接合处缝隙不大于 0.2mm。

（3）塞角、挡屉条等支撑零件的接合应牢固。装板部件的配合不得松动。

（4）薄木和其他材料贴面的拼贴应严密、平整，贴面的纹理、图案、颜色应对称相似。

（5）各种配件安装应严密、平整、端正、牢固；接合处应无崩茬或松动；不得有少件、漏钉、透钉。

4. 涂饰要求

（1）整件产品或配套产品色泽应相似。分色处色线应整齐。

（2）正视面（包括面板）涂层应平整光滑、清晰，涂膜实干后应无明显木孔沉陷。

（3）涂层不得有皱皮、发黏和漏漆现象。缺陷数不超过 4 处。

6.3 板式家具的制作安装

6.3.1 板式家具五金件、连接件

板式家具中常用的五金件主要有：锁、连接件、铰链、滑道、位置保持装置、高度调整装置、支承件、拉手、脚轮等。

1. 锁

根据锁用于部件的不同，可分为玻璃门锁、柜锁、移门锁、联锁等。在多屉柜中，常采用一种联锁系统，也称中心式锁紧系统，它利用导轨上多个止动销分别锁紧各抽屉，而又只用一个锁头，一次锁多个抽屉。联锁如图 6-5 所示。

2. 连接件

连接件有偏心连接件、螺钉连接件、插接式连接件等。

偏心连接件因接合牢固，可随意、快速拆卸、自行组装而被普遍使用。偏心连接件主要由偏心拉紧器（偏心件）、连接杆（螺

栓）和预埋件（膨胀栓）几部分组成。拉杆有直连接杆和角连接杆。

膨胀销连接件、三合一连接件（偏心）如图 6-6、图 6-7 所示。

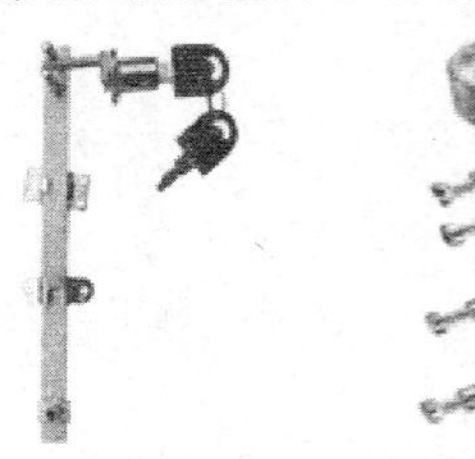

6-5 联锁

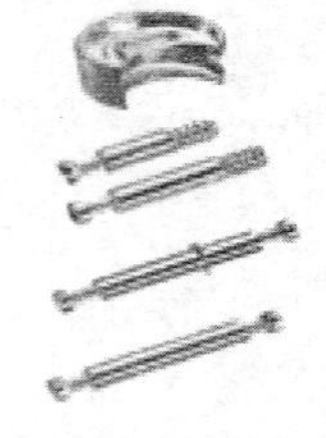

图 6-6 膨胀销连接件

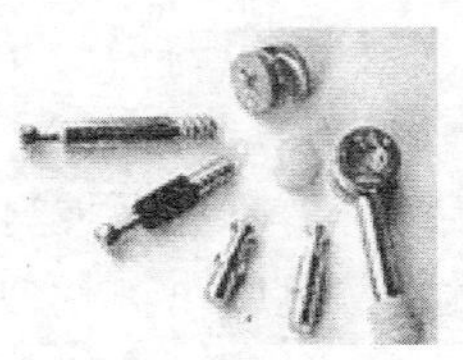

6-7 三合一连接件（偏心）

3. 铰链

铰链的品种很多，有合页、门头铰、玻璃门铰、杯型暗铰链、专用特种铰链等，其中，最为常用且技术难度最大的为暗铰链，暗铰链分为基座和卡扣两个部分，根据卡扣的弯曲弧度有直臂、小曲臂和大曲臂之分，以分别适用于全盖门、半盖门和嵌门。

4. 滑动装置

滑动装置一般指滑轨，在家具中最常用的为抽屉导轨，除门滑道之外还有电视柜、餐台面用的圆盘转动装置、卷帘门用的环型底路、铰链与滑道的联合装置等。

5. 位置保持装置

位置保持装置主要用于活动部件的定位，如门用磁碰、翻门用吊杆等。

6. 高度调整装置

高度调整装置主要用于家具的高度与水平的调校，如脚钉、脚垫、调节脚以及为办公家具特别设计的鸭嘴调节脚等。

7. 支承件

主要用于支承家具部件，如搁板销、玻璃层板销、衣棍座等。

8. 拉手

拉手在家具中起着重要的点缀作用，其形式和品种繁多。根据材料不同，有金属拉手（锌合金拉手、铜拉手、铁拉手、铝拉手、不锈钢拉手)、大理石拉手、塑料拉手、实木拉手、陶瓷拉手等;根据安装位置不同,有抽屉拉手、柜门拉手、玻璃门拉手等。

9. 脚轮

脚轮常装于柜、桌的底部,以便移动家具。根据连接方式不同,可分为平座式、丝扣式和插销式等。

6.3.2 板式家具制作组装要点

一般来说,板式家具的制作组装工艺流程:裁板配料→部件胶合→部件弯曲→部件加工→涂装→装配。

1. 裁板配料

(1)裁板方法:

1)单一裁板法:是在标准幅面的人造板上仅锯出一种规格尺寸净料的裁板方法。

2)综合裁板法:是在标准幅面的人造板上锯出两种以上规格尺寸净料的裁板方法。这样可以充分利用原料,提高人造板的利用率。

(2)裁板的注意事项:

1)注意提高生产效率。

2)考虑余量尺寸。

3)考虑封边条厚度。

4)考虑锯路宽度。

2. 部件胶合

现在板式家具的贴面主要包括三个部分,即基材、胶黏剂及饰面材料。

1)基材是指被饰贴的芯层材料,可使用木材、刨花板、纤维板、胶合板、集成材等。

2)胶黏剂的种类有聚醋酸乙烯酯乳液胶黏剂、脲醛树脂胶黏剂、环氧树脂系胶黏剂、热熔性树脂胶黏剂(热溶剂)等。

3)饰面层的材料有单板,薄木及装饰薄木、纸类饰面层材料、三聚氰胺塑料贴面板等。

①单板或薄木的贴面工艺：基材的涂胶→配坯→胶压。

②空心板的贴面工艺：制造边框（边框的材料为木材或刨花板，中密度纤维板）→空心填料（栅状空心填料、格状填料、蜂窝状填料）。

3. 部件弯曲

部件弯曲有薄板胶合弯曲、开槽胶合弯曲和折板成形。

（1）薄板胶合弯曲的生产工艺为：

薄板准备→涂胶与配坯→胶合弯曲成型→胶合弯曲部件的放置→胶合弯曲部件的后期加工

（2）开槽胶合弯曲有纵向开槽胶合弯曲和横向开槽胶合弯曲。

（3）折板成形工艺主要包括基材准备、基材的开槽、涂胶和折叠胶压等。

4. 部件加工

（1）板式部件的尺寸精加工。贴面后的板坯边部参差不齐，因此需要进行齐边，加工成所要求的长度和宽度，并要求边部平齐，相邻边垂直，表面不许有崩坏或撕裂。

部件尺寸精加工可用手工进料的带推车单边裁板机或双边锯边机来完成。板式部件尺寸精加工设备均需设置刻痕锯片。

（2）板式部件的边部处理加工方法有以下几种：

1）涂饰法，是用涂饰涂料的方法将板式零部件边部进行封闭，起保护和装饰作用。可以分为手工涂饰和喷枪喷涂两种。

2）镶边法，是在板式家具零部件的边部镶嵌木条、塑料条或有色金属条等材料的一种边部处理方法。

3）封边法，用薄木（单板）条、木条、三聚氰胺塑料封边条、PVC 条、ABS 条等与胶黏剂胶合在零部件边部的一种处理方法。可通过直线封边机和软成型直线封边机来完成。

4）包边法，用改性的三聚氰胺塑料贴面板等贴面材料，涂以改性的聚醋酸乙烯酯乳液胶黏剂或其他类型的胶黏剂，使面层边部材料的包边尺寸等于零部件边部的型面尺寸，在包边机上实施边部热压的处理方法。

（3）板式家具钻孔工序与32mm系统：

1）钻孔的类型和要求：

①类型：圆榫孔、连接件孔、导引孔、铰链孔。

②要求：钻孔时要求孔径大小一致，这就要求钻头的刃磨要准确，不应使用钻头形成椭圆或使钻头的直径小于钻孔直径，形成扩孔或孔径不足现象。

2）板式家具“32mm”系统：32mm系统是针对大批量生产的柜类家具进行的模数化设计，即以旁板为骨架，钻上成排的孔，用以安装门、旁板、搁板等。“32mm系统”是以32mm为模数的，制有标准接口的家具结构与制造体系。

（4）型面、曲面的加工包括一般曲面的加工，零件上各种图案的镂铣加工。

（5）表面修整与砂光、打磨：

1）表面修整加工工艺：通过表面修整解决工件表面的凹凸不平、撕裂、毛刺、压痕、木屑、灰尘和油渍等。修整主要采用各种砂光机进行砂光处理。

2）打磨，可以砂掉底材表面上的毛刺、浮锈、灰尘和油渍等，降低工件被涂漆面的表面粗糙度，增强涂层的附着力。

5. 涂装

板式家具常用的木制家具涂料有：硝基涂料（NC）、酸固涂料（AC）、聚氨酯涂料（PC）等，不同涂料涂装工艺不完全相同。

其他新型的涂装工艺及技术有：紫外线固化技术、聚合功能基的高分子单体、新型喷涂装置等。

6. 装配

（1）板式家具一般采用连接件的接合，要求其结构牢固可靠，拆装方便、成本低廉。

1）偏心连接件接合：偏心连接件除广泛用于两块零部件的垂直接合外，还可用于两块并列的板件间的连接。此外，只要将上述连接螺杆，即可实现倾斜部件之间的拆装接合。

2）带膨胀销的偏心连接件接合：接合时，先将旋转固定件装入尼龙套壳内，然后一起装入预先钻好的零部件中，再将尼龙倒刺件的一端插入与其相接合的另一板件的孔内，另一端装入套壳的孔中，最后转动旋转固定件直到拧紧即已紧固。

其他结合有空心螺柱连接件接合、直角式倒刺螺母连接件接合等。

(2) 安装：

1) 装配前的准备工作：

看懂结构装配图→核对零件数量和质量→做好零部件的选配→检查木材表面→检查榫头的长度和深度→调好胶料备用→准备好夹具等→准备好所用的辅助材料

2) 总装配：

①顺序装配：顺序装配是将零部件依次接合起来，先装成制品的骨架，然后进一步把其余零部件装在骨架上后再装上其他零部件组成完整的制品。

②平行装配：平行装配是分别将互不连接而复杂的部件同时进行装配，而后再装上其他零部件组成完整的制品：在家具设计时就应绘制家具的安（拆）装顺序图，依据安（拆）装顺序图的顺序进行家具的总装配。

③总装配过程：采用榫等固定式结构连接形式或连接件连接形式，形成家具的主骨架；在主骨架上安装铰链，用于安装活动的零部件：后安装次要的或装饰的零部件。

④配件装配：配件装配有铰链的装配、拆装式连接件的装配、锁和拉手的装配、插销的装配、门碰头的装配等。

6.3.3 板式家具质量控制

板式家具的质量控制包括事前设计控制、事中工艺控制和事后检验把关。下面就生产工艺环节的质量控制做相关介绍。

1. 裁板的工艺要求

(1) 加工精度：裁板精度要在±0.2mm 以内，主锯片与刻痕锯片的要求：刻痕锯锯切深度 2～3mm；主锯片的锯路宽度要小于刻痕锯片的锯路宽度，一般为 0.1～0.2mm。

（2）编制裁板图。

2. 贴面要求

胶压后工件表面胶合牢固，无脱胶、溢胶、开裂等现象。上下板材接口牢固，移位偏差为±3mm。工件边缘垂直，变形度<1mm，材面无凹凸不平等现象。

有弧度的工件，弧度应符合图纸要求，无开裂、脱胶现象。

3. 刨铣加工

单或双立轴铣床的刀型要符合标准，同时不可有跳刀、崩裂、毛边、波浪等缺陷现象。立铣加工时应注意刀具研磨是否变形，并测试模具是否标准，加工时应顺纹理操作，如果产品形状复杂，难以控制其良好的加工状态时，应使用双轴立铣加工。

4. 榫槽、钻孔加工

榫槽和钻孔深度要按质量标准加工，孔径、孔位、孔深要符合技术质量要求：孔径公差为±0.5mm，孔距公差为±1mm，孔深公差为 0.5mm。对成对的零件，在钻孔、裁边和组合等工序中应注意方向是否正确，并以记号分别标示，以利识别。部件的钻孔应尽可能用同一机床操作，基准面应力求统一，以免发生钻孔移位，产品接合出现偏差。

5. 封边质量标准

封边带的型号、颜色应符合要求，相邻封边带无色差，实木封边条应高出板材 0.5m；工件表面无明显划痕、压痕和胶痕。接头部位不能在显眼位置。要求平整、密合。

6. 砂光后的板件要求

（1）板件必须平整光滑，严禁出现缺材、横砂、崩茬、凹陷等现象。

（2）组装连接处不允许有胶，连接缝隙不超过 0.5mm 板件必须平整，严禁翘曲。

（3）板件圆边砂光弧度必须统一规范。

（4）直边板件边角必须成 90°，严禁砂变形。

（5）板件尺寸误差不超过 0.5mm，对角线长度不超过 1mm，严禁多砂。

7. 涂装总体要求

（1）产品涂装的表面必须尽可能做到没有瑕疵，外露的涂装表面在正常的灯光条件下不能出现不正常或不规则的缺陷。外露的表面统一，产品的涂装亮度要求整个系统做到统一。

（2）外观的总体标准：外观表面必须提升产品的整体外观质量，在正常使用的情况下，必须是完整涂装，没有明显的碰划伤，整修效果必须和外观相协调。

8. 组装质量标准控制

（1）组合的尺寸误差允许±2mm，以不妨碍组合效果为限。

（2）应正确地确定组合基准面，并以标准模具进行组装，以免变形和歪曲。

（3）组装时有左右区分的零件应有明显的标志，以免出错误。

（4）组装完成应在背面打钉，不允许有出钉或凸钉，打钉应深入表层 0.5mm，不可过深以求美观。

9. 装配的质量检验标准控制

（1）成品表面无明显划痕、刮（碰）伤（允许范围为 10mm）。

（2）产品整体结构牢固，着地平衡；摇动时组件无松动。接缝严密，无明显缝隙（公差为 0.5mm）。

（3）五金配件抽屉，柜门推拉顺畅，松紧合适，周边缝隙保持均匀。

（4）对称屉面和柜门在同一平面上，纹理对称协调，无擦边现象。

（5）镜面，玻璃柜门清洁无胶痕。胶合或接头严密并牢固。

10. 包装质量标准控制

（1）产品组件，五金配件齐全，不能错包、漏包。

（2）包装方式符合防护要求。包装后摇动纸箱时，纸箱内产品、五金配件无移位现象。玻璃，镜面等易碎物品的包装符合防震要求。

（3）纸箱规格符合设计要求，外表光滑，平整，无污渍。纸箱标准内容要正确，字迹清晰，易碎物品的标志明显，合格证填写规范，字迹工整。

（4）封箱胶平整牢固。

（5）成品的堆放方式正确，不能够超出安全高度，且符合防潮要求。

第7章 木结构的防护

7.1 木结构的防火

7.1.1 防火要求

建筑构件的耐火极限的高低，是决定木结构建筑防火安全程度的关键因素。

建筑构件的耐火极限是指在标准耐火试验中，从受到火的作用时算起，到失去支持能力或完整性被破坏或失去隔火作用为止，这段抵抗火作用的时间，一般以小时（h）计。

对构件进行标准耐火试验，测定其耐火极限是通过燃烧试验炉进行的，耐火试验采用明火加热，使试验构件受到与实际火灾相似的火焰作用。为了模拟一般室内的火灾全面发展阶段，实验时，炉内温度随时间而上升并呈一定的关系。按这种关系得出的曲线称做火灾标准升温曲线。目前，世界上大多数国家都采用火灾标准升温曲线来升温。

根据木结构建筑特点，《木结构设计规范》（GB 50005—2003）规定了对木结构建筑构件的选用原则，其耐火极限不应低于表7-1规定。

表7-1 木结构建筑中构件的燃烧性能和耐火极限

构件名称	耐火极限/h
防火墙	不燃烧体 3.00
承重墙、分户墙、楼梯和电梯井墙体	难燃烧体 1.00

续表

构件名称	耐火极限/h
非承重外墙、疏散走道两侧的隔墙	难燃烧体 1.00
分室隔墙	难燃烧体 0.50
多层承重墙	难燃烧体 1.00
单层承重墙	难燃烧体 1.00
梁	难燃烧体 1.00
楼盖	难燃烧体 1.00
屋顶承重构件	难燃烧体 1.00
疏散楼梯	难燃烧体 0.50
室内吊顶	难燃烧体 0.25

注：1. 屋顶表层采用不可燃材料。

2. 当同一座木结构建筑由不同高度组成，较低部分的屋顶承重构件必须是难燃烧体，耐火极限不应小于 1.00h。

7.1.2 防火措施

1. 木结构的阻燃处理

建筑木材经过阻燃剂处理后，可有效降低木材燃烧概率。阻燃剂的阻燃途径主要有：抑制木材高温下的热分解、抑制热传递和抑制气相及固相的氧化反应。由于阻燃途径是相辅相成、相互补充的，一种阻燃剂往往具有一种以上的阻燃作用，并各有侧重。因此在木材阻燃剂配方中一般都选用两种以上的成分进行复合，各成分相互补充，产生阻燃协同作用。经过阻燃处理的木材抗火性明显提高，相应地提高构件的耐火极限。

2. 木结构的表面防护

表面防护是在最后加工成型的木材及其制品上涂覆阻燃剂或防火涂料，或者在其表面包覆不燃性材料，通过这层保护层达到隔热、隔氧、抑制燃烧的目的。这是目前对木材进行防火保护最有效的方法。膨胀型防火涂料受热后会形成多孔性的海绵状炭化层结构，具有很好的隔氧隔热保护作用。将其涂刷在可燃建筑结构上，遇小火不燃烧。火势不大时，具有阻滞延燃能力，从而减缓火焰传播速度，离开明火后能自行熄灭，可提高材料的耐火能力，防止火灾迅速蔓延扩大。

3. 木结构的结构防火设计

当采用大截面构件时，若尺寸达到一定的要求就可以得到较高的耐火极限。一般而言，木构件截面越大，防火性能越好。木结构的防火设计主要是根据设计荷载的要求，结合不同树种的木材在受到火焰作用时的炭化速度。通过规定结构构件的最小尺寸，利用木构件本身的耐火性能来满足所需的耐火极限要求。

按照《建筑设计防火规范》（GB 50016—2014）的有关规定，木结构建筑的防火设计构造可以设计。主要是通过对木结构的使用范围、长度、面积、防火间距进行控制，并在建筑中制作好必要的安全措施，如防火墙、安全出口等。这样可以有效避免木建筑的火灾发生，即使出现火灾，也可以有效控制火灾的蔓延，从而把火灾的损失降到最低。

7.2 木结构防腐、防虫

7.2.1 木结构防腐、防虫的设计原则

(1) 为了防止木结构受潮（包括直接受潮及冷凝受潮而引起木材腐朽或蚁蛀），设计时必须从建筑构造上采用通风的防潮措施，注意保证木结构的含水率经常保持在20%以下。

(2) 露天结构，采用内排水的屋架支座节点、檩条及搁栅等，木构件的直接与砌体接触的部位以及屋架支座处的垫木，除从构造上采取通风，防潮措施外，尚应进行防腐处理。

(3) 在气候潮湿的地区或特别潮湿的建筑物内，一般不宜采用木地板，但在林区或无其他材料可用而必须采用木地板时，在室内木地板以下勒脚内的空间都应有通风措施，即使如此，这些地方木材的含水率仍会经常处于20%以上，因而当采用耐腐性差的木材时，必须对全部木构件进行防腐处理；当采用耐腐性中等以上的木材时，也宜根据实际情况进行适当的防腐处理。

(4) 在白蚁危害地区，凡阴暗潮湿，与墙体或土壤接触的木结构，除应保证通风、防潮和便于检查外，均应进行有效的防腐、防虫处理，并选用防蚁性能好的药剂；在堆沙白蚁或甲虫危害地

区，即使木材通风防潮情况较好，若采用易蛀的木材，也应根据具体情况进行防虫处理。

(5) 在一些高寒或干旱地区，可根据当地实践经验进行防腐、防虫处理。

(6) 高级建筑物中的木构件（包括吊顶、隔墙、龙骨衬条、壁橱板、板壁等）应隔离水源（如卫生设备），并考虑防腐、防虫、防火处理。严禁使用带树皮或已有虫蛀和腐朽的木材。

7.2.2 木结构防腐、防虫的构造措施

根据《木结构工程施工规范》(GB/T 50772—2012) 要求，为了避免木结构受潮及在偶尔受潮后能在通风良好的条件下得到及时干燥，设计木结构时，必须从构造上采取下列通风防潮措施：

(1) 屋架、大梁、搁栅等构件的端部不应封闭在墙内或处于其他通风不良的环境中，为了保证它具有较好的通风条件，其周围应留至少不小于 3mm 的空隙。

(2) 为防止木材受潮腐朽，在屋架、大梁和搁栅的支座下，应设防潮层及经防腐处理的垫木，或单独设置经防腐处理的垫木。木柱、木楼梯、木门框等接近地面的木构件应该用石块或混凝土块做成垫脚，使木构件高出地面而与潮湿环境隔离。严禁将木柱直接埋入土中。在白蚁危害地区，最好在地基、基础两侧和管道周围喷洒 1%氯丹乳剂，每平方米（m^2）大于需用 3 千克（kg）的乳液。

(3) 檐口应尽量采用挑檐做成外排水，在不得不采用内排水时，天沟处的屋架支座节点必须具有良好的通风防潮条件；天沟不宜太浅并应具有足够的排水设施；在房屋使用期内应经常检查，疏通天沟。

(4) 屋面硬山处常因泛水处理不妥而漏雨。因此，该处木檩条端部应用防腐药物处理。

(5) 为防止天窗边柱受潮腐朽，边柱处的椟条，宜放在边柱内侧，而天窗的窗樘和窗扇设在天窗边柱外侧，并应加设有效的挡雨设施。开敞式天窗应加设有效的挡雨板，并应做好防水处理。

(6) 底层一般不宜采用木地板，但在林区，或无其他材料可用而必须采用木地板时，应考虑地板下隐蔽部分的通风措施：室内地面标高一般应高出室外地坪至少 600mm，木地板以下应设能

起对流作用的通风孔洞；地板和木踢脚板均不宜紧贴墙面，应留出10mm宽以上的缝隙。踢脚板内侧应做成通长的凹槽，每隔2m左右设10mm直径的通风口或10mm×30mm的通风槽。

(7) 对于露天木结构，在构造上应避免任何部位有积水的可能，并应注意在构件之间留有缝隙（连接部位除外），使木材易于通风干燥。

(8) 设计北方地区采暖房屋的木屋顶时，为防止产生冷凝水，不应将同一木屋架的一部分置于正温的环境中，而另一部分置于负温度环境中，必须使整个屋架同时处于负温或正温的同一环境中。

(9) 设计吊顶的应该开设通风洞或老虎窗。南方地区的檐口可采用疏钉板条的做法。通风条件差的屋盖闷顶时，应在屋架端节点周围铺设效能较好的保温层，防止出现冷桥。保温层与屋架端节点之间同样应留不小于30mm的空隙，使空气自由流动，屋面保暖层内侧（温度较高的一侧）应加贴油毡隔气层。坡度较大的屋面，保暖材料应选用沥青矿渣棉毡或其他不易腐朽的板块材料，不宜采用锯末，因锯末松散易溜，往往引起保温层厚度不均。为了防止保温屋面发生“闷腐”，不宜采用有机材料做保温层。当不得不采用时，不宜铺设屋面板，也不宜采用铁皮屋面，建议采用波形石棉瓦做屋面防水材料。

7.2.3 木结构防腐、防虫的化学处理

1. 木材防腐剂

木材防腐、防虫所用化学药剂通称为木材防腐剂。

木材防腐剂应满足下列要求：

(1) 对危害木材的木腐菌和害虫要具有较高的毒性。

(2) 防腐剂对木材的浸透性好。

(3) 防腐剂注入木材后，在木材使用期间，毒性要持久，且防腐剂不会在较短时间内流失。

(4) 经防腐处理的木材，不致腐蚀与木材接触的金属配件，也不致增加木材的燃烧性。

(5) 室内用的木材经防腐处理后，不应有刺激性的气味；对需要油漆的木材，不致有所影响。

(6) 对人畜应尽可能没有毒性。目前常用的防腐剂，大部分对人畜都有一定的毒性，故要求在处理木材时和使用存放经过防腐处理的木材时，都应采取必要措施，以防人畜中毒。

(7) 防腐药剂来源丰富，价格低廉。目前使用的防腐剂，没有哪一种能同时满足上述各项要求。因此，只有在选用防腐剂时，根据具体时间、地点和条件，分别各项要求的轻重，做出恰当的选择，如用于室外的木构件，只要能保证其使用环境比较干燥，抗流失性可以不予考虑。

2. 木材防腐剂的种类

木材防腐剂一般分为三类，即水溶性防腐剂、油溶性防腐剂、浆膏防腐剂，它们的特点如下：

(1) 水溶性防腐剂：这类防腐剂易溶于水，可以以水为载体而注入木材。水溶性防腐剂最适用于对室内木构件的处理，有些抗流失性好的，也可用于室外木构件的处理。

(2) 油溶性防腐剂：这类防腐剂溶于油类或低沸点溶剂之分，可按处理木材的要求选用。低沸点溶剂最适用于涂刷，常温浸渍等处理工艺。用这类防腐剂处理木材，一般不会引起木材膨胀。

(3) 浆膏防腐剂：这类防腐剂是将水溶性防腐剂、稀释剂（煤焦油、柴油、煤油和水等）以及稳定剂（煤炭粉等）调和成浆膏状的混合物。适用于处理湿材、难浸注木材及使用期间经常处于潮湿条件下的木构件。

3. 防腐、防虫常见的处理方法

(1) 压力浸注法：这种方法是将木材放入一个带密闭盖的长圆筒形的压力罐中，充入防腐剂后密封施加压力强制防腐剂注入木材，直到防腐剂吸收量和注入深度达到质量要求为止。

(2) 热冷槽浸注法：这种方法通常是用两个防腐剂槽（冷槽和热槽），先将木材放入热槽中加热几小时后，再迅速移入冷槽中保持一定的时间。也可只用一个槽，先加热后再使防腐剂自然冷却下来。

(3) 常温浸渍法：这种方法是将木材浸入常温的防腐剂中进行处理。对于容易浸注而干燥的木材，可以取得良好的效果。

(4) 涂刷法：这种方法一般用于现场处理。采用油类防腐剂时，在涂刷前应加热；采用油溶性防腐剂时，选用的溶剂应容易被木材吸收；采用水溶性防腐剂时，浓度可稍提高。涂刷一般不应少于 2 次，第一次涂刷干燥后，再刷第二次。

（5）扩散法：这种方法是用水溶性防腐剂配成的浆膏或高浓度水溶性药剂涂刷在木材表面上进行处理。木材含水率越高，扩散作用越好。

7.2.4　木结构的防潮、通风措施

1. 应采取防潮和通风措施的部位

《木结构设计规范》（GB 50005—2003）规定，木结构中的下列部位应采取防潮和通风措施：

（1）在桁架和大梁的支座下应设置防潮层。

（2）在木柱下应设置柱墩，严禁将木柱直接埋入土中。

（3）桁架大梁的支座节点或其他承重木构件不得封闭在墙、保温层或通风不良的环境中。

（4）处于房屋隐蔽部分的木结构应设通风孔洞。

（5）露天结构在构造上应避免任何部分有积水的可能，并应在构件之间留有空隙（连接部位除外）。

（6）当室内外温差很大时，房屋的围护结构（包括保温吊顶），应采取有效的保温和隔汽措施。

2. 从结构上采取通风防潮措施外尚应进行药剂处理的情况

（1）露天结构。

（2）内排水桁架的支座节点处。

（3）檩条、搁栅、柱等木构件直接与砌体混凝土接触的部位。

（4）白蚁容易繁殖的潮湿环境中使用的木构件。

（5）承重结构中使用马尾松、云南松、湿地松、桦木以及新利用树种中易腐朽或易遭虫害的木材。

第8章 安全生产与防护

8.1 安全生产

8.1.1 施工现场安全技术

建筑施工现场是建筑施工人员从事生产活动的场所。建筑施工现场的情况，不仅极为复杂，而且不断变化，给安全施工带来不少困难。为了保证安全生产，必须依靠科学的安全管理，采用相应的安全技术措施。

施工现场一般安全技术措施要求是：

（1）工程开工前，必须编制施工组织设计或施工方案以及具体的安全技术措施，并进行安全技术措施交底。

（2）施工现场应建立一定专职安全机构，进行统一管理。凡土建、吊装、安装等几个单位在同一现场施工，要加强领导，必要时要采取专项安全防护措施。

（3）施工现场的各种机具、设备、构件、材料、设施等要按施工平面图堆放、布置，保证施工现场整洁、文明，符合安全生产要求。

（4）施工现场应设临时栅栏、围墙，禁止非施工人员进入现场，入口处必须设有门卫以及“五牌一图”。如在街道、民房附近施工时，需搭设临时的防护棚或采取其他有效的防护措施。施工用的沟、坑、陡坎要有围栏、标志灯和警告牌。

（5）施工现场的水源、电源、火源都要有专人负责。配电房不准闲人进入。设备不得乱动。废物、废水应按规定堆放、排放。

（6）保证现场平整，道路畅通。交通频繁的交叉路口，应设指挥。

（7）施工现场要设消防设施，备有足够的、有效的灭火器材。

（8）现场要认真执行安全值日制，值日人员应尽职尽责，监督检查现场所有人员执行安全生产规章制度。

8.1.2　手工工具安全操作

1. 手锯

（1）手指不准靠近锯齿，用手指为锯条定位导向时精神要集中，用力要轻。

（2）锯木料时，应站稳，脚要把木料踏牢。脚与锯条间距不得小于 50mm。开始锯时，不可用力过猛，接近锯断时应轻轻锯断，避免木料跌落伤脚。

（3）锯条必须铰到一定的绞力，用后放松以防再用时突然折断。

（4）不准用嘴吹或对着人吹木屑，以免木屑飞入眼内。

（5）拉大锯时，木料要固定牢固，踏板要放稳，动作要一致。

2. 手刨和水平刨机

（1）刨制窄料、薄料、圆料或异形料时，须用胎具固定，放稳以保安全。

（2）使用角尺和样板时，手不得靠着木料移动，以防木刺伤手。

（3）工作中，木料应确认顶牢后方可均匀用力，以免滑脱。

（4）水平刨机刨料时，手不能在刀轴上通过，应绕跨式前进。

（5）在平刨机上禁止刨圆板料、圆棒料及畸形木料。

3. 斧头、锤

（1）使用斧头和锤子前，要检查其木柄是否有裂纹，斧头、锤头是否松动，以防甩出伤人。

(2) 用斧头劈、砍削木料时，要握紧拿稳、木料放妥，精神要集中，注意手、脚的位置，以防劈伤手、脚。

(3) 劈砍疤节木料时要轻，以防崩伤人。

(4) 使用斧子和锤子时，近前方不准有人。

8.1.3 机械设备安全操作

1. 平刨机

(1) 平刨机必须有安全防护装置，否则禁止使用。

(2) 刨料应保持身体稳定，双手操作。刨大面时，手要按在料上面；刨小面时，手指不低于料高的一半，并不得少于3cm。禁止手在料后推送。

(3) 刨削量每次一般不得超过1.5mm。进料速度保持均匀，经过刨口时用力要轻，禁止在刨刃上方回料。

(4) 刨厚度小于1.5cm、长度小于30cm的要料，必须用压板或推棍，禁止用手推进。

(5) 遇节疤、戗槎要减慢推料速度，禁止手按节疤上推料。刨旧料必须将铁钉、泥沙等清除干净。

(6) 换刀片应拉闸断电或摘掉皮带。

(7) 同一台刨机的刀片重量、厚度必须一致，刀架、夹板必须吻合，刀片焊缝超出刀头和有裂缝的刀具不准使用。紧固刀片的螺钉，应嵌入槽内，并离刀背不少于10mm。

2. 压刨机（包括三面刨、四面刨）

(1) 机床只准采用单向开关，不准采用倒顺双向开关。三面刨、四面刨，要按顺序开动。

(2) 送料和接料不准戴手套，并应站在机床的一侧，刨削量每次不得超过5mm。

(3) 进料必须平直，发现材料走横或卡住，应停机降低台面拨正。遇硬节减慢送料速度，送料时手指必须离开流通筒20cm以外，接料必须待料走出台面。

(4) 刨短料长度不得短于前后压滚距离；厚度小于100m的木

料，必须垫托板。

3. 裁口机（包括立槽刨、线角刨、铲口刨）

（1）按材料规格调整盖板，一手按压，一手推进。刨或锯到头时，将手移到刨刀或锯片的前面。

（2）送料缓慢均匀，不得猛拉猛推，遇有硬节应慢推。接料需待过刨口 1.5cm。

（3）裁硬木口，一次不得超过深 1.5cm，高 500m；裁松木口，一次不得超过深 2cm，高 6cm。禁止在中间插刀。

（4）机器运转时，禁止在防护罩和台面上放置任何物品。

4. 开榫机（包括双头、燕尾开榫机）

（1）要侧身操作，不要面对刀具。进料速度要均匀，不得猛推。

（2）短料开榫，必须加垫板夹牢，禁止用手握料。1.5m 以上的木料，必须两人操作。

（3）发现刨渣或木片堵塞，要用木棍推出，禁用手掏。

5. 打眼机

（1）打眼必须使用夹料器，不得直接用手扶料。1.5m 以上长料必须使用托架，调头时，双手持料，注意周围人和物。

（2）操作中如遇凿芯被木渣挤塞，应立即抬起手把。深度超过凿渣出口，要勤拨钻头。

（3）清理凿渣要用刷子或吹风器，严禁手掏。

6. 圆盘锯（包括吊裁锯）

（1）操作前应进行检查，锯片不得有裂口，螺丝应上紧。

（2）操作要戴防护眼镜，站在锯片一侧，禁止站在与锯片同一直线上，手臂不得跨越锯片。

（3）进料必须紧贴靠山，不得用力过猛，遇硬节时要慢推。接料要待料出锯片 15cm，不得用手硬拉。

（4）短窄料应用推棍，接料使用刨钩。超过锯片半径的木料，禁止上锯。

7. 刮边机（包括直边机）

（1）材料应按压在推车上，后端必须顶牢。推进速度要慢，手不准送料到刨口。

(2) 刀部要设置坚固严密的防护罩。每次进刀量不得超过 4mm。

(3) 禁止使用开口螺丝槽的刨刀，装刀要拧紧螺丝。

8.2 木工施工现场安全防护

8.2.1 安全防护用具

安全防护用品包括安全帽、安全带、安全网、安全绳及其他个人防护用品等，现对常见用具进行简单介绍：

1. 安全帽使用和管理

在使用安全帽前，要认真检查帽壳、帽衬有无损坏现象，装配圈要牢固，顶绳要系紧。帽衬顶端环帽壳内面的垂直距离为 20～50mm，帽箍与帽壳内每一侧面的水平距离应为 5～20mm，佩戴高度帽帽箍底过至关头部顶端的垂直距离应为 80～90mm。戴帽后，要检查帽箍松紧适应、端正、后箍要紧些，下额带系紧。安全帽不得随意罩在头顶上或斜歪倒戴，更不能只戴而不将安全帽下领带（绳）系紧。

安全帽不应贮存在酸碱等处，不要和硬物堆放在一起，不要放置于日晒及 60℃高温处，要远离热源。经过较大冲击的安全帽和破串项的安全帽应立即回收停止使用。建立定期报废制度。

2. 安全带的使用和管理

凡攀登和悬空高处作业人员，以及搭设高处作业安全设施的人员，必须使用安全带。

在使用前要检查安全带是否完好。使用时，要高挂低用，注意防止摆动、碰撞。不准将绳打结使用，也不准将钩直接挂在安全绳上使用，应挂在连接环上使用。

使用后应妥善保管，防止损坏和断裂。

3. 安全网的使用和管理

进入施工现场的安全网必须查验是不是有当地部门检验认可

的合格证明书，查验安全网的材料，以及构造是否符合国家规定。符合标准后方可使用。

多层建筑，在两层设首层固定挑网，挑出宽度不小于 3m，每隔 4 层或不高于 10m，再设一道固定挑网，操作层必须设护栏并挂立网围护。安全网搭设完毕，必须经施工负责人、安全员验收合格后才能使用。在使用过程中，每周应进行一次定期检查，网内杂物随时清除。安全网使用后应及时清理，妥善保管。

8.2.2　安全防护措施

1. 木结构工程施工安全

（1）木结构施工现场应按《建设工程施工现场消防安全技术规范》（GB 50720—2011）的有关规定配置灭火器和消防器材，并应设专人负责现场消防安全。

（2）木结构工程施工机具应选用国家定型产品，并应具有安全和合格证书。使用过程中可能涉及人身安全的施工机具，均应经当地安全生产行政主管部门的审批后再使用。

（3）固定式电锯、电刨、起重机械等应有安全防护装置和操作规程，并应经专门培训合格，且持有上岗证的人员操作。

（4）现场堆放木材、木构件及其他木制品应远离火源，存放地点应在火源的上风向。可燃、易燃和有害药剂的运输、存储和使用应制定安全操作规程，并应按安全操作规程规定的程序操作。

（5）施工现场严禁明火操作，当必须现场施焊等操作时，应做好相应的保护并由专人负责，施焊完毕后 30min 内现场应有人员看管。

（6）施工现场的供配电、吊装、高空作业等涉及生产安全的环节，均应制定安全操作规程，并应按安全操作规程规定的程序操作。

2. 安全防护措施

（1）落实“三宝”措施：安全帽、安全带、安全网是建筑行业广大职工公认的安全“三宝”，挽救过千万职工的生命，必须正确使用劳保鞋。

(2) 落实“四口”防护措施：凡楼梯口、电梯口、预留洞口必须设围栏或盖板和架网。正在施工的建筑物所有出入口，必须搭设板棚或网席棚，佩戴防护鞋，以免被刺伤。棚的宽度应大于出入口，棚的长度应根据建筑物的高度，分别以 5～10m 为宜。

(3) 落实“五临边”防护措施：在施工过程中，尚未安装栏杆的阳台周边、无外架防护的屋面周边、框架工程楼层周边、跑道两侧边、卸料台的外侧边等，必须设置 1m 高的双层围栏或搭设安全网。

(4) 把住架子十道关：脚手架在建筑施工中，是不能少的重要工具，一旦脚手架发生故障，极易造成重大伤亡事故。因此，对各种脚手架必须认真把好十道关口。

参考文献

［1］建设部人事教育司．木工［M］．北京：中国建筑工业出版社，2002.

［2］木工从新手到高手编委会．木工从新手到高手［M］．北京：机械工业出版社，2014.

［3］就业金钥匙编委会．图解木工技能一本通［M］．北京：化学工业出版社，2013.

［4］中华人民共和国国家标准．建筑装饰装修工程质量验收规范（GB 50210—2001）［M］．北京：中国建筑工业出版社，2001.

［5］中华人民共和国国家标准．木结构工程质量验收规范（GB 50206—2012）．北京：中国建筑工业出版社，2012.

［6］中华人民共和国国家标准．建筑地面工程施工质量验收规范（GB 50209—2010）．北京：中国计划出版社，2010.

［7］国家建筑标准设计图集．内装修室内吊顶（12J502—2）．北京：中国计划出版社，2012.

［8］国家建筑标准设计图集．内装修墙面装修（13J502—1）．北京：中国计划出版社，2013.

［9］国家建筑标准设计图集．内装修楼（地）面装修（13J502—3）．北京：中国计划出版社，2013.

［10］潘福荣，景群智．木作装饰与安装［M］．2版．北京：机

械工业出版社，2006.
[11] 木家具通用技术条件（GB/T 3324—2008）．北京：中国标准出版社，2008.
[12] 家具制图（QB/T 1338—2012）．北京：中国轻工业出版社，2012.
[13] 木门窗（GB/T 29498—2013）．北京：中国标准出版社，2013.